대구한의대학교
안용복연구소 학술총서 3

이명박 대통령의 독도 방문과
언론의 보도 경향

김신호·김병우·김성은·김 영·김호동

이명박 대통령의 독도 방문과
언론의 보도 경향

도서출판 지성人

차례

중앙 일간지의 이명박 대통령 독도방문 보도경향에 관한 연구

1. 머리말 ·· 5
2. 연구방법 ·· 8
3. 중앙일간지 2012년 8월 독도관련 보도 현황 및 분석 ········ 15
4. 독도관련 언론분야 중앙일간지들의 과제 ······················· 34
5. 맺음말 ·· 38

이명박 전 대통령의 독도방문과 보도 경향 분석

1. 머리말 ·· 41
2. 연구대상과 방법 ··· 45
3. 『매일신문』과 『영남일보』의 독도관련 보도 ···················· 51
4. 쟁점별 보도 기사의 질적 분석 ······································ 63
5. 맺음말 ·· 84

부산지역 언론의 독도 관련 보도경향과 인식

1. 문제제기 ·· 91
2. 외형적, 양적 분석과 보도경향 ····································· 94
3. 주제별로 본 독도문제 인식 ·· 106
4. 맺음말 ·· 131

독도문제와 관련한 한일 언론의 보도 경향 분석

1. 머리말 ··· 133
2. 매스미디어에 나타난 독도 ··· 138
3. 일본 언론에 나타난 독도방문과 한일관계 ···················· 141
4. 한일 신문의 독도방문 기사 분석 ···································· 143
5. 결론을 대신해 ·· 157

이명박 대통령의 독도방문에 대한 월간지의 보도 경향 분석

1. 머리말 ··· 159
2. 월간지의 독도관련 보도 분야별 현황과 보도 유형별 현황 ········· 162
3. 이명박 대통령 독도 방문 이전의 월간지 독도 내용 보도 경향
   ··· 166
4. 이명박 대통령 독도 방문 이후의 월간지의 독도 내용 보도 경향
   ··· 183
5. 맺음말 ··· 194

중앙 일간지의 이명박 대통령 독도방문 보도경향에 관한 연구
-2012년 8월 조선일보와 경향신문 보도를 중심으로

김신호[*]

1. 머리말

한국언론진흥재단 조사분석팀(2012: 24-99)은 한국갤럽조사연구소의 설문조사를 바탕으로 한 2012년 언론 수용자 미디어 이용실태를 발표하였다. 전국의 500여명 응답자를 대상으로 한 연구에서 한국의 언론 수용자들의 하루 평균 미디어 이용시간은 총 323.5분이었다. 이중 텔레비전은 170.7분, 인터넷은 67.2분, 이동형 단말기의 인터넷은 41.4분, 라디오 26.0분, 신문 15.7분, 잡지 2.6분으로 나타났으며, 이동형 단말기의 인터넷 이용시간은 2010년 16.1분에서 2011년 34.9분, 2012년 41.4분으로 급속하게 증가하여, 상대적으로 고정형 단말기의 인터넷과, 라디오, 신문, 잡지 등의 이용시간들이 줄어드는 경향을 나타내고 있다.

2012년 8월 독도관련보도는 이명박 대통령의 독도방문을 계기로

---

[*] 대구한의대학교 경찰행정학과 교수

거의 폭발적으로 증가하여, 비록 단 1달간이지만, 보도의 양도 엄청 나게 많았으며, 양적인 면에서 보도기사의 숫자만 많았을 뿐만 아니라 단일 기사의 양도 비교적 크게 다루어졌다. 질적인 면에서도 주요한 보도주제로 다루어져서 각 기사당 보도의 비중이 막대하였고, 보도의 질 면에서 깊이 있게 다루어졌다. 스트레이트기사 중심의 단순 보도기사들은 양적 분석이 용이한 반면, 해당기사가 주요한 보도주제가 되어, 기획, 사설, 해설 등의 기사들은, 한 기사에 여러 의미가 다각적으로 내포되어 양적 분석에 있어 중첩되어 계산되지 못하는 것을 피할 수 없게 된다. 2012년 8월 이명박 당시 대통령의 독도 방문은 역대 대통령으로서는 최초의 방문이며, 우리의 현대 영토역사에서 최대 사건 중 하나라 할 수 있다. 이 주제는 국토경계에 관한 주제일 뿐만 아니라 우리나라와 일본, 중국 등 동북아시아의 국제외교, 통상, 산업 및 문화 교류 등의 다양한 주제에 영향을 미치는 주요한 주제로서 언론에 회자되었음에도 불구하고, 언론분야 독도주제 보도에 관한 연구가 많지 않은 상황이다.

 2012년 광복절(8월 15일)을 앞두고, 5년 대통령 임기를 6개월 남긴 이명박 대통령은 공적인 예고 없이 전격적으로 8월 10일 독도를 방문하였다. 대통령의 독도 방문은 국내뿐 아니라 해외에도 많은 논란을 야기하였다. 오늘날 우리 국민들에게 있어 '독도가 당연히 한국 땅이지'라는 정서가 팽배하지만, 독도는 일본이 영유권을 주장하여 국제 분쟁으로 삼으려고 시도한 이래, 많은 역사적 논쟁을 이어가고 있으며, 그 동안 독도를 지키기 위한 노력들은 수많은 사건들과 함께, 기록으로 남아 있다. 조선시대 안용복에 관한 사건의 기록들로

부터, 샌프란시스코 평화조약, 이승만 라인, 독도수비대의 역할, 한 일협정과 그 후의 수많은 대일 외교사건, 역사적 · 외교적 · 국제법적 논쟁까지, 독도는 매우 까다롭고, 예민한 부분까지 모두 포함하고 있다.

우리사회에 독도가 가지는 의미는 정치 · 사회 · 문화 · 경제적으로 많은 의미를 지니고 있겠지만, 가장 중요한 것은 역시 정치적 의미라 할 수 있는 영토의 문제가 될 터인데, 독도 그 자체가 대한민국의 동쪽 영토와 해안의 경계를 긋는 기준을 제시한다는 의미 외에도, 독도를 통해 현대를 사는 우리가 '영토의 문제를 어떻게 다루어야 하느냐'라는 문제해석의 초석이라는 의미를 포함하고 있다. 즉 '일본과의 영토경계개념 설정은 독도에 의미를 두는 정도까지 중시한다'라는 것과, 그렇다면, 중국과의 영토경계개념에서 이어도의 의미도 아직은 공식화하지 않은 부분도 많지만, 유추해석이 가능하고, 통일 이후의 영토경계개념 설정에 있어서도 많은 암시를 줄 것이라는 의미 등이다.

독도는 물론 영토적 의미와 정치적 의미 외에도 사회 · 문화 · 경제 등 다른 영역에 있어서도 많은 의미를 내포하고 있어서 독도와 주변 해저의 다양한 개발, 독도 주변 동 · 식물, 회유하는 물고기, 생존했다 사라진 독도 물개 등에 대한 사회적 혹은 문화적 공감대 형성 등, 시간의 흐름에 따라 더욱 의미부여가 가능하다. 학문적으로도 역사학적 · 국제 법학적 · 정치외교학적 연구가 꾸준히 있어 왔으며, 이러한 연구들은 독도 단일지역에서 발생하는 주제에 관한 연구라기보다는 독도를 통해, 중국 · 일본 · 러시아 · 북한과의 경계지역에 대한 우리의 학문적 연구가 어떻게 발전해야 할 것인가에 대한 과제를 우리에게 제시하고 있다.

본 논문은 지난 2012년 8월 이명박 대통령의 독도 방문과 이로 인해 파생적으로 발생한 국내, 일본, 중국 등의 사건들을 보도 분야별, 보도 유형별, 보도형식 프레임 연구와 보도의 논조에 대한 분석을 이행하고자 한다. 이를 통해, 언론분야의 독도에 관한 기사들이 국민에게 어떤 영향을 미치는지, 국민들의 독도에 관한 반응이 언론에 어떻게 묘사되고 있는지, 독도라는 주제를 통해 우리나라 언론의 과제가 무엇인지, 또한 언론의 보도들을 통해 독도가 정치가와 국민, 주변국에 어떤 정치, 사회, 문화, 경제적 역학관계를 만들어 내는지 분석하고자 한다.

2. 연구방법

1) 선행연구

독도에 관한 인문·사회적 논제는 오랫동안 역사학적·국제법학적 그리고 정치외교학적 관점에서 주로 연구되었다. 그 중에서도 역사학적 주제는 연구의 수요·공급적인 측면에서 상호 상승작용을 일으키며 발전해 왔다. 이는 근세에 서구적인 국가경계의 개념이 동북아시아의 국가경계개념으로 확대되면서 일본이 독도에 대해 무주지선점론 혹은 고유영토설 등을 주장함에 따라 각각의 주장에 상응하는 반대이론을 주장하게 되고, 그 근거로서 역사적 자료 개발의 수요가 발생함에 따라 공급이 이루어진 결과이기도 하였다. 역사학적 연구는 일본이라는 이해상대국의 주장에 반박하기 위한 1차적 자료 생산 면에서 역할이 두드러져, 다른 인문사회학적 접근보다 더 많은 투자가 이루어지고 있다. 최근에 독도에 대한 언론의 기사화는 매우 빈번한 편이나, 언론보도에 대한 학문적인 연구는 매우 적은 편이다. 거의 모든 언론 매체가 독도 주제에 관해 많은 기사제공과 논쟁의 장을 마련하고 있으나, 언론분야에서의 독도 주제에 관한 연구는 거의 없는 상황이다. 2011년 박선영에 의한 "한일회담기 한국언론과 독도문제" 논문이 있었고, 2012년 김신호에 의한 "우리나라 2011년도 언론분야 독도주제 연구의 현황과 과제" 논문이 있었다. 박선영(2011)의 연구는 박정희 정권 한일회담기인 1961년에서 1965년 사이에 한국 언론이 독도문제를 기사화한 보도들을 분석한 논문으로 당시의 '사상계' 전문잡지와 일본의 외교문서에 나오는 조선일보 기사 56개와 동아일보 기사 36개 등을 분석하였는데, 보도 유형별 분류에서 동아일보의 경우는 4분의 3이 스트레이트 기사 나머지 4분의 1일 기획기사와 사설 등이었다. 조선일보의 경우는 56개 기사의 90%에 달하는 49개의 기사가 스트레이트 기사들이어서 보도유형 분석에 많은 한계가 있었다.

  언론 현황에 대한 연구는 아니지만 이명박 대통령의 독도 방문 이후 이 사건과 관련된 연구는 정민정(2013)의 "독도 문제의 국제사법재판소 회부를 둘러싼 쟁점 및 대응방안" 연구와 이성환(2013)의 "조어도(센카쿠제도) 분쟁에 관한 중국의 인식" 연구이다. 정민정(2012)은 이 대통령의 독도방문(2012년 8월)을 계기로 일본정부가 지난

1954년 제기하였던 국제사법재판소(ICJ)를 통한 영유권 소송의 재추진을 시도하였으나, 미국의 중개로 양국 정부간 교류가 재개되고 일본 외무성은 제소하지 않을 것임을 지적(2013: 119)하고 있다. 그의 분석은 한국 정부의 이벤트성 독도조치가 외교적 문제로 비화되는 경우 일본이 국제포럼을 활성화할 수 있는 여건이 조성되어 있다(2013: 134)고 주장하면서 독도 실효지배의 확장을 위해 중앙정부가 나서기 보다는 지방자치단체가 민관 파트너쉽을 형성하여 발전 사업 등을 전개할 것을 권하고 있다. 이성환(2013)은 조어도 분쟁에 대한 중국인들의 인식과 독도 정책에 대한 한국인들의 인식을 비교하면서, 각국의 젊은이들은 해당 정부가 옳다고 판단하고 추진하는 정책과 다른 인식[1]을 갖고 있음을 주장하고 있다.

김신호(2012)의 연구는 방법론상 기존의 독도 주제의 언론분야 연구가 부족하여 5.18 30주년 주제를 연구한 강철수·윤석년(2010)과, 국내 원자력 관련 보도를 연구한 김원용·이동훈(2005), 식품안전 관련 보도를 연구한 김지윤·성미정(2010), 금융위기 관련 보도를 연구한 김성해·김동윤(2005) 등의 연구방법들을 종합하여 접근하였으며, 박선영(2011)의 연구보다 체계적이고 다양하게 접근하였다. 보도 유형뿐 아니라, 보도 분야별, 형식 프레임 유형별로 나누어 분석하여,

---

[1] 이성환 연구의 설문조사에 의하면, 중국이나 한국의 젊은이들은 조어도(센카쿠 섬)나 독도에 대한 특별 사항에 대하여 해당 분야의 전문가들이 가지고 있는 인식과 매우 다른 인식을 보유하고 있다. 예를 들어 '국제사법재판소 제소'라고 하는 문제를 역사적, 외교적, 국제법적 식견 없이 가까운 일로 가볍게 해결책을 모색하는 성향을 나타내 중국 젊은이의 24.4%, 한국 젊은이의 24.9%가 해결책이라 인식하고 있다.

언론에 비친 독도 주제의 중요성, 독도 주제에 대한 언론사들의 보도 인식, 기사들이 국민에게 미치는 영향 등의 연구 결과를 이끌어내고 있다. 그는 2011년 중앙의 일간지들을 보수 성향 2개, 진보 성향 2개로 나누어 조선일보, 중앙일보, 한겨레신문, 경향신문 등을 보도 분야별 현황, 보도 유형별 현황, 형식 프레임 유형별 현황 등으로 나누어 분석하였다. 조선일보는 280개 기사, 중앙일보는 215개, 한겨레신문 274개, 경향신문 183개 등으로 모두 952개의 기사들을 3가지 차원으로 도표와 함께 분석한 연구로서 매우 시간 소모적인 분석을 시행하였다. 분석의 결과는 3천 여 개의 섬들이 있는 대한민국에서 독도라는 작은 섬은 영토경계와 국제정치상의 국가적 이익으로 우리사회의 관심을 받는 섬이지만, 과거와 달리 정치분야 외에도 사회, 문화, 경제 분야에까지 다양한 관심과 이해를 불러일으킨다는 것이며, 국민의 애국심과 연관된 독도 주제의 기사를 통해 독자들의 자존심과 일상생활 혹은 정부 정책에까지 영향을 주려는 의도가 엿 보인다 것, 정치인들이 진정한 국익보다는 자신 혹은 자기가 속한 정치집단의 정치적 이익을 위해 이슈화 할 수 있는 주제라는 것 등으로 요약하고 있다.

안종묵(2012)는 "온라인 신문과 블로그에 나타난 뉴스 프레임의 특성 비교분석: 대통령의 독도방문 사건 사례" 연구에서 인터넷 미디어가 대통령의 독도방문을 어떻게 이슈화하고 여론형성을 촉진시켰는지 분석하고 있다. 그는 온라인 신문으로는 조선닷컴과 한겨레닷컴을 블로그의 분석대상은 〈네이버〉와 〈다음〉에서 활동하던 블로거들이었다. 인터넷상의 블로거들은 개인 미디어로서 뉴스 생산자이며 소비자이며, 이들이 생산해 내는 뉴스 프레임이 정치현실에 인식의 영향을 미쳐 여론형성에 영향을 줄 수 있다고 하였다. 2012년 8월 이명박 전 대통령의 독도방문이 그 후 몇 달 동안 언론보도의 중대한 주제로 엄청난 양의 기사를 생산해 냈음에도 불구하고 보도기사화에 대한 언론 현황의 연구가 부족한 상황에서 본 연구는 김신호(2012)연구의 방법론을 차용하여, 이명박 대통령의 독도방문이 국내·외에 미친 영향이, 한국의 언론에 어떻게 기사화되었는지 현황을 분석하고, 특별히 중대한 사건이 발생하지 않은 2011년의 언론 현황과도 비교하면서 한국 언론의 과제를 분석하고자 한다.

2) 연구절차와 분석틀

본 연구의 대상은 중앙일간지 정기구독 신문으로서, 해당신문이 구독신문시장에서 차지하는 점유율은 조선일보가 27.3%, 중앙일보 18.0%, 동아일보 13.7%로, 3개지가 구독신문시장에서 차지하는 비율이 59.0%이다. 다음으로는 농민신문 4.7%, 경향신문 3.8%, 매일경제 3.8%, 한겨레 3.4%, 스포츠조선 2.1%, 국민일보 1.9% 순으로 나타나고 있다. 본 논문이 우리나라 중앙일간지 중 조선일보와 경향신문 대구·경북판을 조사의 대상으로 삼은 이유는 조선일보는 당연히 구독시장 점유비율이 가장 높아서이며, 경향신문은 비록 구독시장 점유율은 다섯 번째이지만, 중앙일보와 동아일보가 조선일보와 같은 보수언론이며, 농민신문은 특정 분야의 독자를 상대로 특정 분야의 뉴스를 많이 다룬다고 판단되어, 일반 중앙 일간지로서 조선일보와 대비되어 연구되어질 수 있는 진보성향의 언론이라 판단할 수 있다.

연구는 해당언론의 2012년 8월 독도와 관련된 모든 기사를 포함하고자 하였다. 따라서 독도가 기사에 포함되지만, 다른 주제의 기사에 독도가 따라 나오는 경우도 다소 있으나, 2012년 8월 이명박 대통령의 독도방문은 그 사안이 매우 중대하여 dummy 기사의 양이 전체기사의 1~2% 정도로 매우 적은 양이므로, 경계의 애매함이 있었으나 일부는 제외하고 일부는 포함하여, 연구를 진행하였다. 연구절차는 독도라는 단어가 들어 있는 모든 기사를 발췌하여, 해당 신문과 비교하면서 확실한 dummy 기사나 다른 뜻으로 쓰인 경우는 제외하였다. 다음은 독도관련 기사가 보도 분야에 있어서 정치, 경제, 사회, 문화, 국제, 지역 등에서 그 중심이 어느 분야인지 분류하였는데, 많은 보도기사들이 여러 개의 분야를 함께 포함하고 있으나, 중심이 되는 하나의 분야를 기준으로 분류하였다. 분야라는 것이 언론사에 따라서는 세분하는 경우가 많이 있어서, 교육은 사회부문, 방송・연예・스포츠 등은 문화부문으로 통합하였다. 국제분야는 외국에서 발생한 보도 혹은 사건에 관한 기사 중에서 정치・경제・사회・문화 등 모두를 포함하였다. 일본에서 발생한 보도나 사건들이 대부분이나, 2012년 8월 기간 중에는 한국과 일본 사이의 독도문제 이상으로 치열한 조어도(센카쿠열도)문제가 크게 발생하여, 중국과 대만에서 생겨난 보도나 사건들이 독도와 연관되어 많이 발생되었다. 그 외에도 미・일 방위조약과 샌프란시스코 조약과 연관되어 미국에서 발생한 기사들이 국제분야에 속하게 된다.

보도 유형에 대하여 조선일보의 경우는 보도 유형이 기고, 사설,

지역, 플라자, Why, 칼럼, 단독, 오늘의 세상, 편집자에게, 특집 등으로 분류되어 있고, 경향신문의 경우는 사설, 칼럼, 기고, 시론, 낮은 목소리로, 여적, 오프사이트 등 주로 사설(칼럼)에 해당되는 기사에 보도유형을 명명하고 있다. 강철수·윤석년(2010)이 5·18 30주년 관련 보도의 유형을 보도유형별로 나누어 분석하였지만, 본 논문은 이전 김신호(2012)의 연구방법과 같이 보도유형별 분석을 위해 보도기사의 유형을 기획, 사설(칼럼), 스트레이트, 인터뷰, 스케치 기사 및 기타 등으로 분류하였다. 다음으로 보도의 프레임 연구는 언론사들이 자체적으로 이와 유사한 어떤 분류를 한 것은 없고, 언론분야 연구자들이 보도에 관한 연구를 형식프레임과 내용프레임 유형에 따라 분석하였는바, 김원용·이동훈(2005)은 국내 원자력 관련 보도를, 김성해·김동윤(2009)이 금융위기에 관한 보도를, 김지윤·성미정(2010)은 식품안전 관련 보도를 형식프레임 연구로 이행한 것과 같이 본 연구도 형식프레임 유형분석을 이행하되, 김신호(2012)의 이전 연구와 같이 일화 중심적 프레임과 주제 중심적 프레임으로 대별하고, 일화 중심적 프레임에는 단순사건 전달기사와 반응 전달기사로 구분하였으며, 주제 중심적 프레임은 원인규명기사, 대책논의기사, 사건의 영향에 관한 기사 등으로 분류하여 분석하였다. 본 연구는 양적인 측면에서 각 보도의 분야별, 유형별, 형식프레임별로 기사의 빈도수에 대한 현황을 분석하고, 질적인 측면에 대하여는 전술한 양적 분석의 틀 안에서 제한적으로 다루었다.

3. 중앙일간지 2012년 8월 독도관련 보도 현황 및 분석

본 연구의 중앙일간지 대상인 조선일보와 경향신문은 이명박 대통령이 독도를 방문한 8월 10일, 이에 관한 기사들을 보도하지 않았다. 그러나 한겨레신문은 당일 이에 대한 대대적인 보도를 이행한 것으로 보아, 특히 정보망이 예민한 두 중앙지들이 몰랐다고 보기 어려움에도 불구하고 독자나 언론보도의 신속성을 가볍게 무시하는 우리나라 주요 언론사들의 기사에 대한 자세를 읽을 수 있다. 이후의 보도에 일본 대사가 대통령의 방문 억제를 위한 항의가 기사화되어 있다는 것은 일본정부측은 이명박 전 대통령의 독도방문이 한국에 기사화되기 전에 자신들의 의사결정을 이미 강하게 피력하였음을 알 수 있는 대목이다. 이명박 전 대통령의 독도방문은 조선일보에 있어서는 2012년 8월 11일부터 31일까지 불과 21일 만에 142건을 기사화하여 2011년 총 보도 280건의 절반 이상을 차지함으로 9배 정도의 많은 보도기사를 산출하였다. 경향신문에 있어서는 같은 기간 21일 만에 138건을 기사화하여 2011년 총 보도 183건의 75.4%를 차지하여 13배 이상의 많은 보도기사를 산출하였다. 이는 한 기사가 차지하는 지면의 넓이까지 고려하면 보도의 양이 얼마나 증대되었는가를 산정할 수 있다. 물론 기사의 질이라 할 수 있는 기사화된 각 사건들의 중대성은 더욱 심화되어 우리사회와 이웃 국제사회에 심대한 파장을 야기하였다고 판단할 수 있다.

1) 일간지들의 보도 분야별 현황 및 분석

〈표 1〉 2012년 8월 독도관련 보도 분야별 현황

구분	조선일보				경향신문				총계 건수 비율(%)
	1-10	11-20	21-31	합계	1-10	11-20	21-31	합계	
정치	2	41	23	66	3	31	18	52	118 40.8
경제	0	3	1	4	0	3	1	4	8 2.8
사회	3	7	2	12	1	6	3	10	22 7.6
문화	0	3	12	15	0	12	7	19	34 11.8
국제	0	22	23	45	0	19	35	54	99 34.3
지역	0	3	2	5	0	1	2	3	8 2.8
합계	5	79	63	147	4	72	66	142	289 100.0

'조선일보'와 '경향신문'의 독도관련 보도들을 분야별 유형으로 분류하면, 〈표 1〉과 같이, 조선일보는 8월 10일까지 독도에 관한 기사가 정치 분야 2건, 사회 분야 3건만이 있었으며, 경향신문의 경우도 정치 분야 3건, 사회 분야 1건만이 있었다. 8월 11에서 20일 사이에 조선일보는 79건의 기사가, 경향신문에는 72건의 독도관련 기사가 보도되었다. 조선일보의 경우 정치 분야가 41건으로 전체기사의 절반 이상을 차지하며, 다음은 국제 분야가 22건으로 전체의 4분의 1을 넘고 있다. 경향신문의 경우도 정치 분야가 31건, 국제 분야가 19

건으로 조선일보보다는 훨씬 적게 기사화 하였으나, 전체기사에 대한 비율 면에서는 유사한 관심을 표명하고 볼 수 있다. 다만, 경향신문은 문화 분야에서 12건의 기사가 보도됨으로써 조선일보의 3건과 매우 대조되고 있다. 경향신문은 올림픽 한국축구단의 박종우 선수가 8월 11일 관객 중 한 명이 전해 준 '독도는 우리 땅'이라는 피켓을 들고 다녔기 때문에 메달을 박탈당할 위기에 처한 상황을 지속적으로 다양한 각도에서 보도하고 있으나, 조선일보는 마치 '개인적인 일'이라는 양 상대적으로 매우 적게 보도하고 있다. 흥미로운 상황의 대비라 하겠다.

8월 21일에서 31일까지의 기사는 조선일보의 경우, 정치 분야 23건, 국제 분야 23건, 문화 분야 12건이며, 경향신문의 경우, 정치 분야 18건, 국제 분야 35건, 문화 분야 7건으로 분포되어 있다. 대통령의 독도방문은 외교적인 파장을 크게 일으켜 국제 분야의 보도가 급증하는 사태를 유발하였다. 국내 정치이슈보다 더 많이 보도해야 하는 국제 정치이슈를 만들어 낸 것이다. 일본은 8월 15일 이 대통령의 독도방문에 대한 반격으로 민주당 정권 각료의 첫 야스쿠니 신사 참배가 있었으며, 한·일간 통화스와프 협정의 재검토 등을 주장하여 한·일 갈등이 경제 및 문화한류에 영향을 미친다는 기사들과 일본정부의 독도문제에 대한 국제사법재판소 제소에 관한 기사들이 일본으로부터 오고 있으며, 중국인 14명이 센카쿠열도로 들어가 일본정부가 체포한 것으로 인해 중국인들이 일본 상품을 거부한다는 기사들이 중국으로부터 들어오면서 국제 분야의 보도기사가 급증하였다. 우리는 이러한 사건들이 이후에 어디까지 진전되었는지 지금은 알고 있다. 그러나 당시에는 동북아 국제정세가 어디까지 경색될 것인지 예측하기 어려운 상황까지 진전되고 있어 해외에서 들어오는 보도가 국내의 보도 이슈보다 초미의 관심을 자아낸 상황이었다.

국제기사는 많은 경우 외신기사에 의존하게 되는데, 외신기사는 먼저, 한국통신사 외국통신사 뉴욕타임스 뉴스 서비스, 외국 신문사와 협약에 의해 제공되는 기사 등이며, 다음은 외국 특파원 통신원이 보내온 기사, 마지막으로 내근 국제부 기자가 만드는 기사로 이루어져 있다. 우리나라는 1945년 국제통신이 있었으며, 이와 별도로 연합통신이 AP통신과 계약을 맺고, 조선통신은 UP통신과 계약하고 서비스를 제공하였다. 이후 연합통신은 국제통신과 합병하여 합동통신이 되고, 조선통신은 동양통신으로 되었다. 신군부 등장 후 합동과 동양통신이 언론 통폐합으로 연합뉴스가 되어 오늘에 이르고 있다. 국제기사는 CNN, 블룸버그, BBC, NHK 등 케이블 방송에 나오는 외신과 해외주재 한국기업에서 취득한 정보도 기사화되고 있다(박석홍, 2009: 213).

일본의 센카쿠열도에 대한 대응은 섬에 대한 국유화 이행으로 중국과 일본의 갈등이 동북아 국제정세의 경직화로 가면서 우리나라까지 포함된 서로의 경제영역에까지 영향을 미치게 되었고, 결국 2차 대전 이후 처음으로 정권을 잡았던 일본의 외교 친화적 온건주의 집권당이던 민주당이 총선에 패배하였으며, 결국 이미 물러났던 아베 총리가 국수주의적 강경 외교노선의 기치를 내걸고 재집권하는 상황이 되었다. 물론 이러한 모든 상황이 이명박 대통령의 독도방문에서 비롯되었다고 말할 수는 없지만, 2012년 8월 11일에서 31까지의 기사만을 보아도 얼마나 심각한 영향을 일본의 정치체제에 미쳤는지 쉽게 파악할 수 있다. 더구나 급변하는 세계정세를 염두에 둔다면, 이를 보도하는 언론의 자세가, 집권기의 인기에 연연할 수밖에 없는 양국의 정치가들과 애국주의에 휘둘리기 쉬운 양국의 국민들에게 어떻게 환원되며, 장기적인 정책보다 단기적인 정책에 끌려가기 쉬운 정부의 정책결정에 어떻게 반영되겠는가의 문제를 재고하지 않을 수 없다.

2012년 8월 한 달 동안의 독도관련 보도 분야별 합계를 보면, 조선일보는 정치 분야 66건으로 44.9%, 국제 분야 45건으로 30.6%, 문화 분야 15건으로 10.2%, 사회 분야 12건으로 8.2%, 지역 기사 5건으로 3.4%, 경제 분야 기사 4건으로 2.7% 등으로 분포되어 있다. 경향신문의 경우 정치 분야 52건으로 36.6%, 국제 분야 54건으로 38.0%, 문화 분야 19건으로 13.4%, 사회 분야 10건으로 7.0%, 지역 기사 5건으로 3.5%, 경제 분야 기사 4건으로 2.8% 등으로 분포되어 있다. 그러나 김신호(2012)에 의하면, 대통령의 독도 방문이 없었던 2011년 1년 동안 조선일보의 정치 분야 보도는 94건으로 33.6%였으며, 국제 분야는 33건으로 11.8%, 문화 분야 34건으로 12.1%, 사회 분야는 92건으로 32.9%, 지역 기사는 25건으로 8.9%, 경제 분야는 2건으로 0.7%이었다. 경향신문의 경우 2011년 1년 동안 정치 분야 보도는 70건으로 38.3%였으며, 국제 분야는 22건으로 12.0%, 문화 분야 34건으로 18.6%, 사회 분야는 42건으로 30.0%, 지역 기사는 13건으로 7.1%, 경제 분야는 2건으로 1.1%이었다. 본 연구와 김신호(2012) 연구가 대체로 같은 기준과 방법론으로 연구되었다고 본다면, 이명박 전 대통령의 방문으로 인하여 조선일보에 있어서 독도는 33.6%에서 44.9%만큼 더욱 정치적인 의미를 가졌다고 볼 수 있으며, 국제 분야에서의 의미는 11.8%에서 30.6%만큼 증대하였다고 볼 수 있다. 반면, 사회 분야에서는 그 상대적 의미가 축소되어, 일상적일 때, 32.9%의 의미를 가지다가 이명박 전 대통령의 방문으로 인하여 8.2%로 줄어들게 되었다.

이러한 의미 변화는 경향신문에서는 더욱 뚜렷하게 나타나고 있다. 즉 이명박 전 대통령의 독도 방문은 경향신문에서의 메스미디어 의미가 정치 분야에서는 2011년 일상적인 상황에서 38.3%에서 36.6%로 오히려 줄어들고, 국제 분야에서는 12.0%에서 38.0%로 급상승하였다. 반면 사회 분야에서는 30.0%에서 7.0%로 그 의미가 축소하였음을 알 수 있다. 경향신문 보도의 이러한 격동현상은 우리에게 많은 것을 시사해 주는데, 먼저 이명박 전 대통령의 독도방문은 국내에서도 엄청난 정치 분야의 논제이었지만, 더욱 심하게 이웃 국가들에서 격론의 주제가 되어 우리의 중앙 일간지의 보도기사들이 되었음을 보여주고 있다. 조선일보와 경향신문의 합계에 있어서도 정치 분야의 기사가 가장 많은 118건이며, 국제 분야가 다음으로 많은 99건이다. 즉 이명박 대통령의 독도 방문이 언론에 갖은 의미는 국내적으로 정치적인 주제이며, 이웃 국들에게로부터 많은 기사가 쏟아져 나와 국내 보도에 소개되어질 수밖에 없음을 보여주고 있다.

독도에 관한 국제 분야의 보도들은 일본과 관련된 것들을 넘어서 중국과 대만 홍콩으로 확대되고 있으며, 동북아의 긴장을 고취시켰다. 국제 분야에서 발생된 사건은 일본과 중국의 경계에 있는 센카

꾸 열도의 문제로 광복절인 2012년 8월 15일 홍콩의 선박들이 센카 꾸 열도의 섬으로 상륙하여 일본에 의해 체포당한 사건이 발생하였 으며, 8월 20일에는 중국의 주민들이 일본 상품의 불매운동을 벌이 며 일제차를 뒤집어 놓은 사건이 보도되고 있다. '신문에서 정치보도 가 가장 중요한 분야'(박명식 외 3인, 2009: 39)라 하고 있다. 이명박 전 대통령의 독도방문은 매우 정치적인 의사결정이었고, 행동이었으며, 보수와 진보를 떠나 일간지들은 먼저 정치 분야에서 충격적으로 이 사건을 다루었으나, 이 사건은 국내 정치를 넘어 국제 분야로 확대되 었다. 이명박 전 대통령의 독도방문은 그 자체만으로도 일본과의 관 계에서 외교 문제화 되었지만, 8월 14일 한국교원대에서 한 일왕(日 王)관련 발언이 일본의 언론들이 많은 보도기사들을 생산해 내는 계 기가 되었다. 조선일보는 15일 1면 "日王 한국 방문하고 싶으면 독 립운동 유족 차아가 진심으로 사과해야," 경향신문은 15일 정치면인 8면에서 "일왕에게 진심으로 사과할 거면 한국에 오라 했다"라는 제 목으로 보도되었고, 일본의 언론들을 자극하였다. 동북아의 긴장된 외교관계 때문인지 중국과의 예민한 문제들도 "中, 한국민 고문하고 역사왜곡"이라는 제목으로 보도되었다. 일본은 한국과의 관계에 있 어서는 독도문제의 국제사법재판소 제소, 통화스와프 중단, 총리의 야스쿠니 신사 참배 등으로, 중국에 대해서는 중국어선의 통제와 센 카쿠 열도 상륙자 체포, 일본 정부의 센카쿠 열도 개인 땅 매수 등으 로 긴장을 더 해가고, 중국은 또 일본에 대하여 일본 제품 불매 운동 및 여행 자제 등 경제적 측면의 긴장을 더하는 계기가 되었다. 결국 일본은 전후 가장 외교적으로 온건하다던 민주당 정권의 노다 내각이 선거에서 패배하여, 이미 물러났던 보수내각 공격적 외교 상징인 자민당의 아베를 총리로 불러들이는 일이 발생하게 되었음을 우리는 훗날 보도기사를 보아 알고 있다.

2) 일간지들의 보도 유형별 현황 및 분석

보도유형에 따른 분류도 보도 분야별 분류와 마찬가지로 가급적이면 해당 언론사에서 분류한 것을 기준으로 하였으나 크게는 본 연구의 목적에 부합되는 분류방식을 채택하였다. 보도유형을 기획, 사설(칼럼), 해설(종합), 스트레이트, 인터뷰, 오피니언, 스케치기사, 기타 등으로 나누었다. 전문잡지가 아닌 일간지의 경우 기획보도를 이행하기에 어려움이 있으나, 이명박 대통령의 독도방문이 국내적 기사화보다 국제적 파장을 크게 일으켜, 조선일보의 경우 "동북아 신냉전시대"라고 하는 기획보도에 여러 가지 기사들을 생산하였으며, 경향신문의 경우 기획기사가 4편인데 '국익 전략에 빠진 외교,' '침략 역사 은폐가 근본문제,' '일본 정치 우경화와 총선 포퓰리즘 소산,' '국격 높인다는 MB, 친한파까지 등 돌리게' 등 모두 비판적이며, 우려 깊은 표제를 내걸고 있다. 일반적으로 뉴스의 특징 중 하나는 한 언론기관이 보도하면 다른 기관도 이를 '받는다'는 의미에서 전염성이 강하다고 하겠는데 기획기사는 다른 언론사 기사와 차별화되는 기사라고 말할 수 있다(김숙현, 2004: 70). 경향신문도 '한·일 갈등을 보는 양국의 두 가지 시각'이라는 제목의 기획으로 각국 두 전문가들의 견해들을 기사화하고 있다. 그러나 두 언론사의 기획기사는 그

양에 있어 큰 차이를 보이고 있다. 조선일보는 동북아 국제정세의 급변을 주시하며 16일 종합면의 앞부분 3지면을 할애하고, 17일 2지면, 20일 1지면 등을 할애하여 기획기사를 싣고 있다. 반면 경향신문은 기획기사로서 8월 27일 종합면 2/3면을 할애하고 있다.

〈표 2〉 2012년 8월 독도관련 보도 유형별 현황

기사유형	조선일보 1-10	11-20	21-31	합계	경향신문 1-10	11-20	21-31	합계	총계 건수	비율(%)
기획	0	14	0	14	0	0	4	4	28	9.7
사설(칼럼)	2	18	13	33	2	14	10	26	59	20.4
해설(종합)	0	12	6	18	1	14	12	27	45	15.8
스트레이트	3	4	4	11	1	13	8	22	33	11.4
인터뷰	0	0	1	1	0	1	3	4	5	1.7
스케치기사	0	30	39	69	0	26	29	55	124	42.9
기타	0	1	0	1	0	4	0	4	5	1.7
합계	5	79	63	147	4	72	66	142	289	100.0

기획기사는 기사주제에 대하여 언론사의 주제에 대한 입장을 언론사 내부에서 직접적으로 혹은 외부 인사를 통해 간접적으로 주관적인 주장을 통해 독자에게 심어주기보다는 객관적인 사실을 주관적인 범위에서 골라서 나열함으로서 해당 기사의 주제가 기획된 객관적인 보도들과 묶일 수 있는 주제라는 것을 나타내고자 할 때 많이 사용되어진다. 사설(칼럼)은 해당 언론사의 고정 운영위원, 컬럼니스트, 혹은 자주 초빙하는 외부의 전문인들의 주관과 해석에 의거하여, 독자들에게 기사의 주제에 대하여 언론사의 주관을 소개하거나 가르

치려는 의도를 가지거나 언론사의 보도방향을 시사하고 논조를 심어주려는 의도가 반영될 가능성이 가장 많은 보도유형이라 할 수 있다. 박지동(2000: 269)은 사설에 대하여 현실적으로 언론기관의 운영자가 같은 계층 세력의 이익과 요구를 대변하여 공중(公衆)을 설득하는 집단이익의 표현이며, 필자의 자세가 공평무사하다면, 다양한 사회구성원들의 이익과 요구를 골고루 보장하기 위해 복잡한 의견의 충돌을 막아주는 교통정리 수단이 될 수 있다고 소개하였다. 그러나 오늘날 오히려 혼란과 무질서를 가중시켜 국민의 다수자인 수용자들이 감시자를 감시하는 단계에 이르러, 기사들의 진실성과 공정성을 소극적으로 파악하는 데 그치지 말고 적극적으로 분석하고 항의할 줄 아는 자세와 실천이 요구된다고 주장하고 있다. 조선일보는 비교적 사설을 많이 생산하는 경향을 보이고 있으며, 논조도 매우 일관적인 성향이 있다. 해설기사는 사실보도만으로는 복잡한 사회현상을 밝힐 수 없다는 취지하에 필요에 따라 사실보도의 배경정보를 캐내어서 어떤 사건의 과거·현재·미래를, 가급적 인과성을 따져서 설명하는 형태이다. 즉 기사주제에 대한 의미를 파악하려고 직접적으로 분석해 들어가 설명하려는 것으로, 주관성을 배제할 수는 없으나 주제 안에서는 논리적이고 객관적인 자세를 고수할 수밖에 없는 보도유형이다.

〈표 2〉의 보도유형별 현황은 이명박 대통령의 독도 방문과 그 이후의 국내·외 사건들이 어떻게 다양한 기사의 형태로 보도되어졌는가를 보여주고 있다. 스케치기사는 두 신문 모두 289건의 기사들 중에 124건으로 42.9%를 구성하여 가장 큰 비율을 차지하고 있다. 조

선일보는 147건의 기사들 중에서 69건으로 46.9%이며, 경향신문은 142건의 기사들 중에서 55건으로 38.7%이다. 스케치(sketch)기사는 사건, 사고, 행사 등을 현장에서 기자가 직접 보고 느낀 것을 스케치 하듯 실감 있게 기술하여 주변상황과 참가자 등의 의견까지도 포함 하는 등 현장감을 중시하는 기사형식(김병철, 2004)이다. 스케치기사 의 비중이 높다는 것은 기사의 주제가 관념적인 주제라기보다는 사 건이나 행사 등 현장의 실체가 있는 주제를 기사화하였다는 것을 의 미하여, 일반적으로도 일간지에서 다루는 특정 주제에 대한 기사는 스케치기사의 비중이 높은 상황이다.

2011년 독도 주제 보도 현황을 연구한 김신호(2012: 257)에 의하면 독도 주제에 대한 스케치기사 보도유형은 2011년 동안 조선일보가 36.1%이었고, 경향신문이 30.6%이었다. 일상적인 상황에서의 보도 비 율보다 대체로 8-9% 정도 상승하였는데, 이는 대통령의 독도방문이라 는 커다란 보도 주제와 그 후속적인 보도 주제들이 스케치기사의 필 요성, 즉 현장 중심의 묘사와 분위기 파악, 현장에서의 파급력 등을 전하면서 독자들의 보도반향에 주의를 기울여보는 형태의 보도유형이 라 할 수 있다. 물론 그럼에도 불구하고 제목이나 기사 전달의 주요 관점 등에서 보도자의 주관적인 요소가 배제되는 것은 아니지만, 보도 의 객관적 견지를 현장성에 치중하려는 보도유형이라 할 수 있다.

객관성을 중시하는 또 다른 보도유형으로 스트레이트(straight)기사 가 있는데, 이는 특정 사건이나 사고의 개요를 일목요연하게 파악할 수 있도록 육하원칙(5W1H)에 의거하여 기술하는 보도유형이다. 비 교적 작은 사건으로 몇 번의 기사만이 보고되는 경우에는 스트레이트 기사비율이 높아지게 된다. 2011년 1년 동안 독도 주제에 대한 조선일보의 스트레이트기사는 19.3%, 경향신문의 경우 41.5%로 두 일간지 간에 매우 큰 차이를 보였다. 2012년 8월에는 조선일보가 11건 보도로 7.5%이고, 경향신문은 22건 보도로 15.5%이다. 우연스럽게도 '조선일보와 경향신문은 독도주제에 대한 스트레이트기사가 1:2의 비율로 기사화되는 것이 아닌가?'라는 의문을 갖게 된다.

사설(칼럼)과 해설(종합)은 기획기사와 마찬가지로, 사건에 대한 즉각적인 반응으로서 객관적인 사실을 독자에게 알려 주려는 의도보다는, 한 번 걸러서 사건의 의미를 부여하고 설명하려는, 다분히 언론사의 주관성이 개입된 보도유형이다. 조선일보는 기획기사와 사설에 있어서 경향신문보다 큰 비율을 보여주고 있다. 기획기사는 14건으로 9.5%이며, 사설기사는 33건으로 22.4%이다. 경향신문은 기획기사 4건으로 2.8%, 사설기사는 26건으로 18.3%이다. 반면 경향신문은 해설(종합)기사에서 조선일보보다 큰 비율을 보이고 있는데, 경향신문는 27건으로 19.0% 조선일보는 18건으로 12.2%이다.

3) 일간지들의 보도형식 프레임 유목 분석

보도형식 프레임 분석은 일화 중심적 보도와 주제 중심적 보도로 대별되며, 일화 중심적 보도는 단순 사고 전달보도와 반응 전달 보도를 포함하고 있고, 주제 중심적 보도는 원인규명 보도, 대책논의 보도, 사건의 영향 보도 등을 포함하고 있다.

<표 3> 2012년 8월 독도관련 보도의 형식 프레임 유형별 현황

형식프레임		조선일보 1-10 11-20 21-31 합계				경향신문 1-10 11-20 21-31 합계				총계 건수 %	
일화중심적	단순사고 전달	3	16	12	31	1	18	10	29	60	20.8
	반응전달	0	11	10	21	1	15	19	35	56	19.4
주제중심적	원인규명	1	7	10	18	0	6	7	13	31	10.7
	대책논의	1	15	13	29	2	8	14	24	53	18.3
	사건의 영향	0	30	18	48	0	25	16	41	89	30.8
합계		5	79	63	147	4	72	66	142	289	100.0

2012년 8월의 독도에 관한 보도의 형식 프레임 유형별 현황은 주제 중심적 보도(59.8%)가 일화 중심적 보도(40.2%)보다 비중이 높은 것을 보이고 있다. 이는 2011년 조선일보와 경향신문의 현황과 매우 다른 상황을 나타낸 것이다. 김신호(2011)에 의하면, 2011년도 4대 중앙 일간지 형식 프레임 현황에 의하면, 특별한 사건이 없던 2011년 독도관련 기사들의 평균에 있어서는 일화 중심적 보도가 월등이 많아서 70%에 육박하였다. 그러나 2012년 8월의 경우 일화 중심적 보도는 40.2%이며, 주제 중심적 보도가 59.8%로 훨씬 많은 것으로 나타나 있다. 일화 중심적 기사들은 사건에 대한 단순 전달이나 반응 전달을 위해 보도하는 보도 유형인 데 반하여, 주제 중심적 기사들은 사건에 대한 원인규명이나 대책논의, 혹은 사건의 직접 혹은 간접적 영향을 다루게 되어, 대체로 기사의 양이 많고, 보다 신중하며, 과거의 사례 혹은 전문가들의 의견을 참조하게 되는 경향이 많게 된다.

조선일보는 일화 중심적 보도가 전체 147건의 기사 중에 52건으로서 35.4%를 차지하고 있고, 일화 중심적 보도 중에서 단순사고전달 보도는 21.1% 반응전달 보도는 14.3%이다. 경향신문은 전체 142건 중에서 일화 중심적 보도가 64건으로서 45.1%를 차지하고 있으며, 이중에서 단순사고전달 보도는 14.7%이며 반응전달 보도는 24.6%이다. 조선일보의 경우 2011년 독도에 관한 보도에서 단순사고전달 보도가 28.9%, 반응전달 보도가 32.5%이었는데 비하면, 특히 반응전달 보도의 비율이 급격하게 감소하였음을 알 수 있다. 경향신문의 경우는 2011년 단순사고전달 보도가 44.3%, 반응전달 보도가 34.4%로서 단순사고전달 보도의 비율이 많이 감소한 편이다. 그런데 시간의 흐름에 따른 편중을 보면, 조선일보와 경향신문 모두에서 처음에는 단순사고전달 보도의 비중이 높다가 시간이 경과함에 따라 반응전달 보도의 비중이 높아져서 이명박 대통령의 독도방문이라는 보도기사는 처음 단순사건전달이라는 간단하고 가벼우면서도, 보다 기계적이고 외형으로 보이는 것 위주의 보도방식에서 해당 일간지 독자들의 이해를 돕고자 하는 여러 반응이 포함된 보도기사 쪽으로 비중을 높이는 모습이 계량적으로 발견된다고 할 수 있다.

주제 중심적 보도의 경우 조선일보는 147건의 보도기사들 중에서 95건으로 64.6%이며, 경향신문의 경우 142건 중에서 78건으로 54.9%를 차지하고 있다. 이는 2011년 독도에 관한 보도에서 조선일보의 주제 중심적 보도가 39.3%이었고, 경향신문 21.3%이었던 것과 비교하면 매우 큰 차이가 있는 것을 알 수 있다. 주제 중심적 보도는 보도대상의 주제에 대한 원인규명이나, 대책논의, 사건의 영향 등으로 보도하며, '신속'과 '정확'이라는 보도의 기본 사명을 넘어서 사건에 대한 '중요성 규명'과 '이해의 방향 설정'과 '독자들의 내편 만들기' 등을 위해 다소 주관적이며, 의도 있는 보도기사의 생산 작업이라 할 수 있다. 주제 중심적 보도들을 원인규명, 대책논의, 사건의 영향 등으로 딱 부러지게 구분하기는 어려우나 대체로 비중이 있는 쪽으로 분류할 수밖에 없다. 조선일보의 경우 원인규명 보도는 18건으로 12.2%이고, 대책논의 보도는 29건으로 19.7%, 사건의 영향에 관한 보도는 48건으로 32.7%이다. 경향신문의 경우도 원인규명 13건으로 9.2%, 대책논의 16.9%, 사건의 영향은 41건으로 28.9%이다. 조선일보와 경향신문은 모두 원인규명을 위한 보도보다 대책논의, 더 나아가 사건의 영향에 관하여 더 높은 비중을 두고 기사를 작성하였다. 이는 이명박 대통령이 독도를 방문한 처음 열흘이나 다음 열하루 기간 동안에도 거의 유사하게 나타나는 현상이다. 그 이유는 역시 대통령 독도 방문사건이, 우연이든 혹은 동북아 긴장강화 촉발 때문이든 영향을 주어, 뒤이어 8월 15일 홍콩인들의 일본과 중국의 경계에 있는 센카꾸열도 상륙과 체포당한 사건, 8월 20일에는 중국의 주민들이 일본 상품의 불매운동을 벌인 사건들로 연결되어 연달아 보도되어진 상황에 의한 것이라 할 수 있다.

4) 일간지들의 기사논조 분석

보도기사의 논조에 관한 분석은 일반적으로 잘 이행하지 않는 방식이다. 사회과학 분석 방법론이 분석의 주관적 요소를 완전히 제거할 수 없지만, 그래도 언론학에서의 보도기사에 관한 분석은 주어진 한계 내에서 분석자의 주관성을 배제하고자 하는 노력을 많이 기울인다고 할 수 있다. 아래의 〈표 4〉는 분석의 객관성을 유지하기 어렵다는 단점에도 불구하고 연구의 필요성이 더욱 크다고 할 수 있다. 첫째 이유는 2012년 8월 독도주제 관련 보도들은 이명박 전 대통령의 독도 방문이라는 정치적인 의사결정과 행위가 중심이 되어 생산된 기사들이 압도적으로 많기 때문에 보도기사들은 전체적으로 '독도'라는 주제, '독도의 분쟁화', 혹은 '이명박 대통령의 독도방문' 등이 가지고 있는 긍정적, 부정적 요소들이 보도기사에 많이 포함되어 있어 분석의 모호성을 많이 탈피할 수 있다. 둘째는 '이명박 대통령의 독도방문'과 같은 국토 경계에 대한 정치적 행위는 보도자 및 사회구성원들의 선호와 불호를 떠나 역사적 사건이 되기 때문에 인정될 만한 객관성만 유지된다면 분석의 가치가 있다고 판단할 수 있다. 본 연구는 이명박 대통령의 독도 방문과 뒤 이어 일어나는 일련의 사건들, 그리고 넓게는 독도 주제 전체에 대한 보도기사의 논조를 기준으로 분류하되, 중립적인 견해도 독립된 뚜렷한 논조로 보았으며, 독립된 논조가 없는 보도기사의 경우 무분류로 분류하였다.

〈표 4〉 2012년 8월 독도주제 기사의 논조 현황

기사의 논조	조선일보				경향신문				총계	
	1-10	11-20	21-31	합계	1-10	11-20	21-31	합계	건수	%
긍정적	0	5	3	8	0	0	2	2	10	3.5
중립적	0	39	27	66	0	23	12	35	101	34.9
부정적	0	18	14	32	0	47	41	88	120	41.5
무분류	5	17	19	41	4	2	11	17	58	20.1
합계	5	79	63	147	4	72	66	142	289	100.0

2012년 8월 독도주제 기사의 논조는 긍정적인 논조는 매우 적고, 부정적 혹은 중립적 논조의 비중이 컸다. 조선일보의 경우 중립적 기사가 66건으로 44.9%로 가장 많은 비중을 차지하며, 다음은 무분류가 41건으로 27.9%, 부정적 기사는 32건으로 21.8%로 나타나 있다. 긍정적인 기사도 8건으로 5.4%를 차지하고 있다. 반면 경향신문은 부정적 기사가 88건으로 62.0%로 가장 많으며, 다음은 중립적 기사가 35건으로 24.6%, 무분류가 17건으로 12.0%이고, 긍정적 기사는 단 2건 뿐이다. 이명박 대통령의 독도방문이 있기 전에는 조선일보, 경향신문의 독도 주제 보도기사들의 논조가 모두 무분류에 속하였는데, 방문 후 첫 열흘은 조선일보의 경우 중립적 보도기사가 39건으로 절반의 기사들이며, 부정적 기사도 18건으로 22.8%이었고, 무분류가 17건이다. 경향신문의 경우는 방문 직후부터 중립적 혹은 부정적 보도를 쏟아내 전체 72건의 기사들 중에서 긍정적 기사는 하나도 없고, 무분류 기사 2건을 제외하고는 모두가 부정적 혹은 중립적 기사들이었다. 조선일보와는 너무나 대조적인 것을 볼 수 있다. 오히려 후반

열하루동안의 기사들은 평정을 찾았다는 듯이 긍정적 기사 2건과 무분류 11건 등을 포함하여 다양한 논조를 보여주고 있다.

조선일보는 긍정적인 논조의 기사들을 비교적 방문초기 기사들에 포함하고 있다. 8월 11일 문학가, 특히 이문열의 입을 빌려 "역사가 되는 순간에 동행, 기분 묘해"라는 제목을 달고 A4면에 싣고 있으며, 14일과 15일 긍정적 기사를 연이어 싣고 있다. 16일부터 급변하는 "동북아 신 냉전시대-한·일"라는 기획기사가 대규모로 연재되면서 부정적, 중립적, 무분류 기사들이 이어지다가 21일 김대중 칼럼의 "'혼자 북치고 국민은 구경하고' 라니…"라는 제목으로 옹호성 강한 긍정적 기사를 싣고 있다. 경향신문에서 가장 긍정적 논조의 기사는 8월 23일 23면 '사람과 사람'섹션에 서울 일본인 교회목사의 "이 대통령 독도 방문은 당연한 일"이라는 제목의 기사이다. 조선일보는 사건 속에서 독자들의 긍정적인 반응이 있을 법한 인물이나 사항들을 부각하거나, 혹은 사내 논설가의 직접 칼럼을 통해 부정적 흐름을 공격하고 긍정적인 측면을 독자들에게 가르치려는 성향을 갖는데 반하여, 경향신문은 긍정적 기사를 이끌어내기 위한 자발성의 보도를 끌어내지 못하고 '이런 사람은 긍정적인 주장을 표현할 수도 있다'라고 소개하는 논조를 유지하고 있다.

조선일보는 방문 초기 열흘 동안 39건으로 전체 기사의 절반 정도가 중립적 논조의 기사들이었으나 후반 열하루 동안은 42.9%(27건)로 많이 줄게 된다. 여기서 중립적 논조는 무분류하고 다른데, 중립적 논조는 부정적이지도 그렇다고 긍정적이지도 않지만, 중립이라는 독립적인 견해를 가진다는 입장에서, 견해를 밝힐 수 없는 무분류하고 다르다. '국가원수로선 처음 독도 방문' 등의 기사는 중립적이라 할 수 있다. '독도의 자연 전시회,' '독도, 올해 안에 1호 국가 지질공원'등은 무분류에 속하는 예이다. 경향신문의 경우는 초기 31.9%(23건)에서 후반 18%(12건)로 조선일보보다는 각각 20% 정도씩 적은 비중을 차지하고 있다.

부정적인 논조의 기사는 조선일보와 경향신문 사이에 양에 있어서나 논조의 질에 있어서 격차가 매우 심하다. 조선일보의 부정적 논조의 보도는 처음 열흘간 22.8%(18건)에서 이후 열하루 동안에는 22.2%(14건)를 유지하고 있다. 첫 번째 부정적 기사는 보도일자에 관한 것이다. 8월 11일 "세계가 다 아는데, 한국 국민만 12시간 몰랐다"라는 제목 하에 소제목 "청와대에서 9일 '보도 금지' 요청," 내용에는 '일본 외무성은 9일 오후 5시경 독도 방문계획을 확인했다'는 보도기사이다. 이후의 부정적 논조는 일본의 입장 및 반응 소개와 문재인의 견해 소개, 대통령의 방문 이후 독도에 방파제와 과학기지 안 만든다는 사실 보도 등이었는데 15일 '日王' 발언 이후 부정적 반응들을 소개하고 있으면서도 일본 노다정권의 강경 발언은 다가올 일본의 선거를 의식한 것이라는 멘트를 붙이고 있다.

반면 경향신문은 처음 열흘간 65.3%(47건)에서 이후 열하루 동안에도 62.1%(41건)를 유지하고 있다. 방문 최초 보도인 8월 11일 1면 톱기사부터 "군사정보협정 추진하더니 돌연 대일 강공"이라는 제목으로, 3면 전체에는 "독도 방문 시급성·시점 의아… 궁지 몰린 MB의 깜짝 쇼"라는 제목으로, 이명박 전 대통령의 독도방문을 부정적·공격적이면서도 독자들이 소홀히 하던 지식들과 연관하여 보도하고 있다. 원망조의 부정적 기사들도 많아, 13일 "대통령의 정치적 계산이 부른 외교적 손실," 15일 "임기말 MB정부, '외교'는 없고 충돌만", 16일 "한·일 '통화 맞교환' 연장 난기류," "일본 민주당, 스스로 정한 '금지선'깨고 야스쿠니 참배 강해," 18일 "MB의 좌충수로 최악상황 불러" 외에도, 20, 21일 기사에 연속으로 외교무능의 보도들을 기사화하고 있다. 따라서 같은 부정적 보도라 할지라도 그 논조나 강도 등에 있어서 많은 차이를 나타내고 있기 때문에 단순히 부정적 기사의 수효를 비교하는 것으로는 두 언론사의 독도주제에 대한 보도경향을 분석하는데 미흡한 면이 있게 된다. 조선일보의 부정적 보도는 그 내용에 있어 사건이나 사실 위주의 기사 혹은 표면적인 기사 등이 많은 반면, 경향신문의 부정적 보도는 해당 사건이나 사실을 다른 지식들과 연관하고 한층 깊이 분석하여 기사화하려는 시도가 더욱 빈번하게 나타나고 있다.

4. 독도관련 언론분야 중앙일간지들의 과제

특정한 주제에 관하여 기사가 보도되어질 때, 일반적으로 그 한 주제에 대해서만 기사의 초점이 맞추어져 있는 경우는 드물다고 볼 수 있다. 특히 독도와 같이 국가에 연관된 상징적인 주제를 다루는 경우는 다른 주제를 기사거리로 삼다가 독도 주제가 포함되는 경우도 많다. 즉 국방문제를 다루다가 혹은 일본과의 외교문제를 다루다가, 혹은 스포츠나 사회면의 주제를 다루다가 독도와 연관된 기사가 보도되는 경우가 많다고 할 수 있다. 그러나 2012년 8월 이명박 대통령의 독도 방문은 독도 주제만을 보도의 초점으로 삼은 기사들이 매우 많았다. 김신호(2012: 269)의 2011년 독도관련 일간지 보도 현황 연구에 의하면, 이 주제는 "비교적 전 국민이 관심을 많이 가지고 있으며, 이 주제에 편승함으로써 소속감을 느끼고 위로 받기를 원하는 대상이 되는 주제라서, 쉽게 정치가들이 애국주의에 호소할 수 있으며, 감성을 조금만 자극하면, 이성적 논리는 아무렇지도 않게 무시될 수 있는 그런 주제"라고 보고 있다. 따라서 독도보도는 다른 주제들의 보도들과 달리 보수언론과 진보언론 사이의 괴리현상이 크지 않다고 보았는데, 이번의 경우는 대통령이라는 정치가의 특별한 의사결정과 행동, 그리고 후속적인 발언과 태도로 인하여 보수언론과 진보언론의 특색이 여실이 나타나고 있다. 문제는 이번 이명박 대통령의 독도방문과 같이, 정치가 단독 혹은 작은 정치집단의 독단적인 의사결정과 행동이 국내외 정치에 커다란 영향을 미치게 되는 경우, 독자들은 언론이 그 정확한 사실과 의도, 합리적인 해결책, 영향 등을 알려주기를 고대한다. 그러나 언론이라도 그것을 쉽게 예단하기는 쉽지 않다. 뉴스가 전개되면서, 더욱이 날이 지나고 각계의 반응 분석과 전문가들 인터뷰 등을 통하면서 점차 진실과 가까운 사실의 묘사와 설명이 더해지기를 기대하게 된다.

한양대 한동섭(경향신문 2012. 8. 20: 29)은 '정치인들의 정략적 의도를 경계하는 것은 언론의 중요한 임무이다. 특히 정권교체기 언론이 정치인들의 의제선점 의혹을 제기하는 것이 필요하다'고 역설하고 있다. 언론의 자유와 책임에 대하여는 언론학 이론에서 많이 소개되는 내용인즉, 박석홍(2009: 283)은 "언론이… 국가권력을 감시 견제하는 기능을 할 수 있는 언론자유를 구가할 때, 민주주의 사회가 가능하다"고 주장하면서 국제신문편집인협회(IPI: International Press Institute)의 언론자유를 소개하고 있다. 한 때는 국가권력이 언론에 직접적인 영향을 행사하여 언론탄압과 언론투쟁이라는 충돌을 낳았지만, 점차 국가권력은 충돌에 의한 억제보다는 언론사들의 시장을 통한 우회적 방식으로 억제하고 있어 전술한 당위성을 이행되기가 매우 어려운 상황이다. 2020 미디어위원회 실행위원회(2006:42)는 "우리 언론사 윤리규정은 거의 유명무실하다고 할 수 있다… 우리 언론사가 얼마나 시장에 의존하는지, 얼마나 시장의 영향을 받는지에 대해 논의할 필요가 있다. 선두 그룹에 속하는 중앙일간지 예를 하나 들어보자. 이 신문사는 90년대 중반까지 연간 300-500억까지 단기 순이익을 냈다. 그러나 그 때도 투자를 하는 게 아니라 돈을 더 버는데 관심을 기울였다. 현재 수익은 많이 줄어들어 100억 정도이며, 돈을 더더욱 쓰지 않는다. 사실 신문사는 상황에 관계없이 절대 돈을 쓰지 않는 것이 일관적인 패턴이다."고 분석하고 있다.

  언론과 국가권력에 관한 이론은 언론학의 주요 주제이다. 언론은 정부와 국민, 즉 권력과 독자 사이에서 줄다리기를 하며 기사를 쓰고 있다. 문제는 보도의 주제들은 정권과 국민의 이해가 상충되는 경우와 이해가 일치하는 경우가 둘 다 많다고 볼 수 있다. 예를 들어, 국민으로부터 걷어야 하는 세금이나 국가가 제공해야 하는 서비스 등은 정권과 국민의 이해가 상충되는 주제일 수 있고, 올림픽 등의 세계 경연대회나, 독도와 같은 국가 경계 관련의 주제는 이해가 일치하는 경우가 된다. 그런데, 우리나라의 독도는 국가 경계의 주제임에도 불구하고 과거에는 정권과 국민의 이해가 상충되어 혼란한 시간들이 많이 있었다. 우리나라는 해방이후 이승만 정권 시절, 일본에 대하여 강경한 정책을 사용하다가, 박정희정권 시절에는 한·일 협정으로 인하여 일본의 눈치를 많이 보게 되어, 정부 차원에서 독도주제에 대한 대 국민 정책이 통제정책으로 선회되어 언론에서도 매우 미미하게 다루었다. 신군부정권에서도 유사하였지만, 어쨌든 세월이 갈수록 정부의 독도주제에 대한 대 국민 통제는 매우 제한적이 되었다. 오늘날에는 독도문제가 매우 빈번하게 언론에서 다루어지고 있다. 그런데 문제는 더 이상 독도라는 주제가 정권과 국민 사이에서 이해가 상충되지 않는 주제가 됨과 함께 국민이 좋아하는 애국심을 자극하면, 얼마든지 정권에 유리한 무언가를 할 수도 있다는 점이다. 즉 우리가 일본의 경제 간섭에서 많이 자유로워졌다는 정치가들의 자신감이 잘 못하면, 국민정서를 부추기기 쉽다는 점 때문에 정치적 인기만회의 수단으로 이용하고 싶은 유혹이 발생할 수 있다는 점을 간과할 수 없다.

조선일보와 경향신문에 나타난 보도기사들의 현황은 8월 10일 대통령의 독도방문을 계기로 급변한 언론보도의 경향을 보여주었다. '독도'라고 하는 실체가, 독자들과 상호작용할 수밖에 없는 중앙일간지 언론매체에게, 어떤 의미인가를 짚어보아야 한다. 독도라는 섬의 의미는 어쩌면 우리나라 도서지역의 섬들 중 하나라기 보다 동해라는 넓은 바다의 몇 안 되는 경계지표 중 하나, 그래서 국민들 마음속에 빈번하게 떠오르는 장소이자, 일본이라는 오랜 경쟁국이 호시탐

탐 넘보는 안타까운 고독의 장소이기도 하다. 그래서 언론에 보도되어지는 독도는 우리의 마음을 빼앗아 가는 주제인지도 모른다. 독도가 가지는 보도가치 즉 기사화되었을 때의 구독 유인력은 실제와 상징적 측면에서 모두 크기는 하지만, 언론의 의미가 오직 구독 유인력만을 위해 존재하는가에 대한 의문이 제기된다.

5. 맺음말

우리나라의 일간지들은 중앙지나 지방지를 막론하고, 국민에 대한 영향력이라고 볼 수 있는 시청률에서 계속 하락하고 있다. 특히 유선 및 무선 인터넷의 발달로 일간지를 구독하지 않는 가정들이 증가하고 있다. 그러나, 인터넷 뉴스가 온라인 블로거들이 뉴스 생산자이며 소비자가 되어도, 신문은 여전히 중요하다. 왜냐하면, 일간지 기사에 기초한 블로거 뉴스는 신빙성과 파급력을 배가 해 주기 때문이다. 본 논문은 무엇보다 독도에 대해 소유를 강력히 주장하는 것이 애국적인 정치행위라는 통념이 옳은 것인지 분석하고자 하였다. 또한, 언론에 발표된 실재 사건들의 전개와 상황분석 등을 이해하는데, 보도기사의 분야별, 유형별, 형식 프레임 연구와 논조에 대한 연구들이 중요한 분석틀이 됨을 시도해 보았다. 보도 기사의 분야별 분석을 통해 시간의 흐름에 따라 어느 분야에서 보도 기사들이 비중을 더해 가느냐, 어느 유형의 기사들이 해당 사건의 어떤 부분을 독자들에게 더 잘 알려주느냐 하는 등의 분석은, 뉴스의 홍수 속에서 진실을 모른 채, 대충 남들의 견해에 휩쓸려 살기 쉬운 현대인들의 일상에 의미를 부여할 수 있다.

조선일보의 경우는 해당 문제의 본질을 독자들에게 이해시키기 위한 시도로서 사설(칼럼)과 기획기사들을 많이 활용하였다. 사설의 경우, 사건의 결과와 파급효과를 1년이 지나 많이 알고 있는 지금의 시점에서는, 대부분 정파적인 성향을 많이 보였다고 판단할 수 있다. 반면 기획기사는 보도화된 기사의 양이나 다양성으로 미루어 상당한 의욕 속에서 연재되었다고 볼 수 있다. 그런데 기획된 기사들이 사건의 해부를 통한 진실로의 접근보다는 주제를 다양하게 분산시킴으로써 독자로 하여금 사건의 본질을 흐리게 하는 성향이 많이 내포되었다. 경향신문의 경우 문제의 본질을 파헤치려는 기사들이 부정적 논조로 나타나고 있다. 17일 손제민 기자는 "한·중·일 영토 분쟁 '국내 결속용'"이라는 제목으로 정치가들의 영토 분쟁에 대한 태도를 기사화하며 왝더독2을 소개하였고, 20일 "한·일 문제 본질을 알고 싶다"에서 한동섭 교수의 칼럼이 기사화되었으며, 23일에는 강상중 칼럼이 "한·일 집권세력과 언론, 내셔널리즘 유혹 벗어나야"라는 제목으로 기사화하였다. 한동섭은 역대 정권의 다양한 정치가들이 대일관계에 대하여 행한 일들의 저의를 국민들이 잘 알고 있지 못한다고 피력하고 있다. 강상중 칼럼 또한 '한·일 양국이 영토문제를 수단으로 삼아 국내 정국을 유리하게 움직이도록 하는 정치역학을 되

---

2 Wag the dog: '꼬리가 개의 몸통을 흔든다'라는 의미로 주식시장의 거래에서 발생하는 현상 혹은 여론조작, 본말전도, 연막치기 등의 의미를 갖는 미국의 정치속담이며, 한 영화의 제목이었다.

도록 약하게 만들어, 동아시아라는 광역권의 형성을 향한 협력의 구체적인 여정을 세우고 실행해 가는 것'이 필요하다고 주장하고 있다.

　미국 건국의 빼 놓을 수 없는 공헌자 중 한 사람인 토마스 제퍼슨이 대통령이 되기 전에 정부와 언론의 역할을 비교하며 한 발언[3]은 언론의 역할이 얼마나 중요한가를 되새기게 한다. 언론은 제 4의 정부라 하여 입법부, 사법부, 행정부만큼 중요하다는 의미로 사용되는 말이다. 그는 언론 역할의 중요성을 깨달았지만, 언론의 위험성과 다루어 어려운 점을 알고 있었다. 오늘날까지도 언론의 중요성을 여전하며 그 역할이 더 커졌다고 보는 견해가 더욱 많다. 어쩌면 언론의 위험성도 여전히 크다고 볼 수 있다. 지금의 우리나라 언론은 제퍼슨 당시의 미국 언론 못지않게 정파적이기 때문이다. 그럼에도 불구하는 언론은 폐기될 수 없다. 토크빌이 미국의 언론은 파괴적이고 횡포를 부린다고 지적하면서도 언론이 공공질서를 유지시킨다고 보았듯이, 정파적이던 미국 신문이 고급 정론지로 발전하였듯이, 우리는 감시자의 감시자가 되어, 한국의 언론들이 한국의 민주주의를 발전시키도록 언론의 좋은 전통을 세워주어야 한다.

---

[3] 그는 대통령이 되기 전에 '신문 없는 정부를 가질 것인가, 정부 없는 신문을 선택할 것인가를 나에게 결정하라면, 나는 후자를 택하는 데 조금도 주저하지 않을 것이다'라고 말하였다. 그러나 수정 헌법을 통해 언론자유를 보장했던 제퍼슨은, 두 번째 대통령 임기가 끝날 무렵 '신문에 드러난 사실은 믿을 바가 못 된다. 오염된 매체에 들어간 진리는 신뢰할 수 없게 된다'고 하였다(박석홍, 2009: 68-70).

이명박 전 대통령의 독도방문과 보도 경향 분석
- 『매일신문』과 『영남일보』를 중심으로

김병우[*]

1. 머리말

한국과 일본 사이에는 해결되지 않은, 그러면서 해결하기 어려운 일이 있다. 식민지배기에 일어났던 일본군 위안부 문제와 역사 교과서 왜곡 문제, 그 중에서도 가장 첨예한 대립을 보이고 있는 것은 독도를 둘러싼 영토문제이다. 이것은 일본의 한국 식민지배의 결과이며, 과거사 인식에서부터 현재의 인식과 문제에 이르기까지 접점을 찾지 못하고 있다. 이것은 엄연한 현실이다.

일본은 매년 방위백서를 발간하면서 독도 영유권을 주장한다. 더구나 매년 독도 영유권을 명시한 한국의 외교백서에 딴죽을 걸며 강력하게 항의하고, 독도로 하여금 국제적 주목을 받게 만든다. 일본은 독도 영유권에 대한 역사적 사실 검증이나 실효적 지배 등의 요인들을 중시하지 않는다. 이들의 목적은 오로지 독도의 국제적 분쟁지화

---

[*] 대구한의대학교 교양과정부 교수

에 있다. 국가경쟁력과 국제사회에서의 일본의 위상과 입지에 대한 자신감이 기저에 있는 것이다.

한국정부는 이미 1954년에 한·일간 독도영유권 논쟁에 대해 종지부를 찍었다. 그때 한국정부가 독도는 역사적, 지리적, 국제법적으로 명백한 한국의 고유영토이며 영유권 분쟁은 존재하지 않는다고 천명했기 때문이다. 그러나 이후 한국정부의 일관성 없는, 지속적이지 못한 정책으로 말미암아 독도의 영유권 분쟁은 종식되지 않았다. 이승만정부가 '독도의용수비대', '독도경비대' 등을 통해 영유권과 실효적 지배를 강화하는 듯 했으나 배타적인 영유권 확립에는 실패했다.

독도문제는 정치적으로 이용되거나 정권의 입장에서 독도를 인식하게 되면서 한·일간의 갈등이 지속되게 만들었다. 박정희정권의 이른바 '독도밀약설'과 이러한 입장의 연장선에 놓여 있던 전두환·노태우 정부는 독도의 영유권 확립을 위한 정책을 실행하지 않았다. 그 결과 독도는 그대로 있었으며, 독도의 분쟁화는 살아 있을 수밖에 없었다. 김영삼정부가 독도에 접안시설과 어민숙소를 건립하여 배타적 영유권 확립에 한발짝 나아가는 듯 했으나. 외환위기 문제와 겹치면서 배타적 경제수역 기점을 울릉도로 정하게 되었고, 오히려 독도영유권을 약화시키는 결과를 가져왔다.

이러한 입장은 김대중정부에 그대로 계승되었다. 1998년 11월 '신한일어업협정'을 체결하는 과정에서 독도를 배타적 경제수역의 기점으로 삼는다는 것을 명시하지 않아 독도영유권을 훼손했다. 2003년 노무현 정부는 미래를 향한 새로운 한·일관계의 '대일 신독트린'을 발표하여 대일관계를 개선하고자 했다. 그러나 2005년 일본은 '다케시마의 날'을 제정하면서 독도문제를 노골화 하였다.

노무현 정부는 근본적인 변화 없이는 독도분쟁을 종식시킬 수 없다고 판단했고, 독도문제를 식민지 역사의 미청산 문제로 규정하고, 독도문제는 주권확립을 상징하는 문제로 천명했다. 이제는 '조용한 외교'로 독도의 배타적 영유권 확립이 어렵다는 현실에 대한 반성의 결과였다. 그러나 독도의 배타적 영유권 확립을 위한 후속적인 조치가 미흡하여 역사문제화 한 독도는 실질적인 변화가 없었다.

이와 같이 독도문제는 정권의 입장에서, 국내외 정치적 상황의 변화와 그에 대한 대처에 따라 편의적으로 이용되고, 한편으로 그 과정에서 독도영유권이 오히려 훼손되기도 했다. 각 정부는 독자적인 독도의 영유권 확립을 위해 대응책을 발표했지만, 독도의 배타적 영유권 확립을 위한 기시적 조지는 하지 않았다.

이명박정부도 독도문제에 대해 역대 정부의 외교적 기조를 유지했다. '신중한 외교', '조용한 외교'의 틀을 유지한 것이다. 그런데 갑자기 임기말을 앞두고 있던 2012년 8월 10일. 그것도 광복절을 5일 앞두고 현직 대통령으로서는 처음 독도를 방문해 세계의 주목을 받았다. 물론 그 배경에는 일본의 방위백서 발간을 통한 영유권 주장과 독도 영유권을 명시한 한국의 외교백서에 대한 일본의 강경한 항의 등이 작용하고 있다는 것은 누구나 아는 사실이다.

현직 대통령으로 독도방문은 그 자체가 '독도는 우리땅'임을 대내외에 천명하는 가장 강력한 의지를 보인 것이다. 겉으로 보기에 역대 어느 정권도 하지 못한 결단을 내린 것이며, 독도의 실효적 지배를 강화하는 하나의 방법으로 비춰질 수 있다. '독도는 진정한 우리의 영토이고, 목숨 바쳐 지켜야 할 곳'이라는 대통령의 언급에 아무도 이의를 제기하지는 않는다. 문제는 이러한 정치적 행위가 국익을 위해 그리고 독도의 배타적 지배를 위해 절실한 것이었나 하는 문제이다.

대통령의 독도방문을 바라보는 시각은 다양하다. 일단 대통령의 독도방문은 국민들의 환호와 열렬한 지지를 받았다[1]. 그에 힘입어 대통령은 '일왕사과' 발언을 거침없이 쏟아내면서 일본을 자극하였고[2], 독도와 과거사 관련한 발언을 계속하였다. 그 결과 국민적 지지를 일부 회복할 수 있었다. 이와 같이 대통령의 독보방문은 하나의 사건에 한정된 것이 아니라 대일외교의 연속선상에 있었다. 그리고 그것은 국내정치의 난맥을 푸는 열쇠 역할을 하기도 했다.

그러므로 대통령의 독도방문과 일왕사과 발언, 위안부와 교과서 왜곡 등 일련의 과거사 인식문제는 분리될 수 없는 문제이며, 그 중심에 독도방문이 자리 잡고 있다. 그러므로 일차적으로 대통령의 독도 방문의 배경과 저의를 정확하게 이해할 필요가 있다. 이것은 독

---

1 2012년 8월 10일. 'JTBC 뉴스10' 독도방문을 어떻게 받아들이고 있는가? 국민 750명을 대상으로 JTBC와 여론조사기관 리어미처가 조사하였다. 그 결과 긍정적 답변이 66.8%였고, 부정적 입장을 보인 것은 18.4%였으며, 잘 모른다가 14.8% 응답비율을 보였다. 한국갤럽의 조사도 유사하여 67%가 긍정적으로 답한 것으로 보도되었다. 이명박 전 대통령의 독도방문에 대해서는 국민의 84.7%가 지지하고 있다는 특임장관실의 여론조사 결과 발표도 있어(『매일신문』 8월 14일, 3면 '독도방문 자신감 MB') 국민들이 일단 지지를 보낸 것은 사실이다.

2 이명박 전 대통령은 8월 14일 충북 청원 한국교원대에서 열린 '학교폭력 근절을 위한 책임교사 워크숍'에서 "(일왕이) 한국을 방문하고 싶어 하는데 독립운동을 하다가 돌아가신 분들을 찾아가서 진심으로 사과할 것이면 오라고 했다'고 발언했다 (『매일신문』 2012년 8월 15일 '늦기 전에 과거사 매듭 풀 계기 마련")

도방문 자체에 분명한 정치적 목적이 있기 때문이다. 언론은 이러한 정치적 목적을 정확하게 분석하고 해석하여 독자들에게 알려줄 의무가 있다.

이러한 이해를 바탕으로 본고는 영남지방의 대표신문인 『매일신문』과 『영남일보』를 대상으로 이명박 전 대통령의 독도방문에 대한 기사의 보도 유형을 분석하고자 한다. 일차적으로는 독도방문과 그 후 일련의 사건이 어느 정도 객관적 입장에서 기사화 되었는가를 살펴볼 것이다. 그리고 그 기사가 독자들에게 얼마나 정확하게 분석되고 이해되게 하였는가에 대해 질적 분석을 할 것이다. 이러한 분석은 독도방문의 정치적 목적이라는 진실과 언론 보도의 한계를 명확하게 보여줄 것으로 기대한다. 이 과정에서 언론이 보도에 대한 검증 역할을 하지 않은 한계점도 드러날 것이며, 이것이 곧 지방언론이 나아갈 방향을 제시해 줄 것으로 기대하기 때문이다.

2. 연구대상과 방법

1) 연구 분석의 대상과 범위

본 연구는 대구경북 지역을 중심으로 한 언론의 보도유형을 분석하여 이명박 전 대통령의 독도방문 기사가 어떻게 독자들에게 전달되고 있었는가를 살펴보는 것이 목적이다[3]. 대구경북지역의 신문은

---

[3] 영남지방 중 부산지역은 김성은 교수가 연구를 수행하였고, '부산지역 언론의 독도 관련 보도 경향과 인식'이라는 주제로 발표하였다. 영남지방 전체의 언론보도 유형

다양하지만4, 발행부수와 영향력을 고려할 때 대구경북의 언론은『매일신문』과 『영남일보』가 주도하고 있는 것이 분명하다. TV와 인터넷이 발달하면서 여론형성과 정보 획득 면에서 종이신문의 영향력이 상대적으로 약화되었지만, 그래도 신문은 여전히 정보전달과 여론형성 등에서 그 영향력은 여전하다. 『매일신문』과 『영남일보』는 객관적으로 대구경북의 대표적 신문에 자리매김할 수 있다. 이것이 본 연구에서 두 신문을 분석의 대상으로 삼은 이유이다.

이명박 전 대통령의 독도방문을 전후한 『매일신문』과 『영남일보』의 독도 관련 기사의 보도 현황과 유형을 살펴 이들 신문사가 어떠한 보도 프레임을 적용하고 있는가를 살펴보는 것도 중요한 주제이다. 그리고 독도와 관련한 뉴스를 어떤 관점에서 전달하고, 독도문제를 어떤 방향으로 이해시키고 있는지, 어떤 모양으로 이미지화 시키고 있는지에 대해서도 검토해 보고자 한다. 언론의 기사는 2012년 8월 1일-8월 31일 한 달간의 기사에 한정했다.

이명박 전 대통령의 독도방문은 8월 10일 있었고, 일본은 국제사법재판소 제소 등 다양한 형태로 대응해 왔다. 이 과정에서 대통령의 일왕사과 발언이 터졌고, 연이어 광복절 경축사를 통해 위안부 문

을 이해하기 위해서는 반드시 참고해야 할 것이며, 향후 영남지방 전체의 언론보도 유형과 그 의미를 종합적으로 고찰할 필요가 있다. 김성은, 「부산지역 언론의 독도 관련 보도 경향과 인식-이명박 대통령의 독도방문을 기점으로」, 『이명박 대통령의 독도 방문과 국내 언론의 보도 경향 분석』, 2013, 대구한의대 안용복연구소 제3차 학술대회 자료집.

4 대구경북지역의 신문사로는 『매일신문』, 『영남일보』, 『대구일보』, 『경상매일신문』, 『대구신문』, 『경도일보』, 『경북도민일보』, 『경북매일』, 『경북제일신문』 등이 있다.

제 등 과거사를 중심으로 한 역사인식의 문제와 관련한 강경발언이 쏟아졌다. 이러한 사건과 사고는 개별적·독자적으로 생성된 것이 아니라, 대통령의 독도방문과 직접적으로 연관되어 동일선상에서 연속적으로 일어난 일들이며, 대일 외교 정책의 하나였다. 그러므로 이명박 전 대통령의 독도방문 등의 문제들은 개별적 사안이나 독자적으로 분석되고 이해할 수 있는 문제가 아니다.

본 연구에서 분석유목을 특별히 구분하지 않고 이명박 전 대통령의 독도방문 사실을 중심축에 놓고 당시 대통령의 일왕사과발언, 센카쿠(댜오위다오) 영토문제, 위안부 문제 등 과거사 인식문제 등을 묶어 총체적으로 이해하고자 한 이유가 여기에 있다. 본 연구에서 분석유목을 간결화하고 구체화하는 것은 그 의미의 선명성에는 도움이 될지 모르나 한·일간 첨예한 대립 갈등의 문제를 이해하는 데는 그다지 유용하지 않다고 판단했기 때문이다. 언론사의 기사 논조가 대통령의 독도방문에 대한 이해의 연장선에 서 있었다고 판단한 것도 하나의 이유이다.

2) 연구방법과 전개

본 연구의 성과를 극대화하기 위해 일차적으로 인터넷(imaeil.com/yeongnam.com)을 통해 기사를 수집했다. 검색어 '독도'로 『매일신문』과 『영남일보』의 2012년 8월 1일에서 31일 사이의 기사를 검색했다. 그 결과 『매일신문』의 경우 251건, 『영남일보』에서는 286건의 기사가 검색되었다.

『매일신문』인터넷 기사 251건의 내용을 일일이 확인하고, 독도와 직접적인 관련이 없는 더미기사를 색출하여 212건의 독도 관련 기사를 확보했다. 이것을 다시 대구한의대학교 도서관에 보관 된 『매일신문』의 지면과 일일이 대조했다. 인터넷을 통해 확인한 기사 중 『매일신문』지면으로 기사화되어 독자들이 읽은 것은 117건에 불과했다. 본 연구의 분석에서 활용된 최종적인 기사 수는 이러한 과정을 거쳐 확인 된 117건이다. 이것을 연구의 최종 대상으로 삼은 것은 대구경북의 독자들이 『매일신문』지면을 통해 직접 읽은 기사들이기 때문이다.

　같은 과정과 방법으로 『영남일보』인터넷 기사 286건으로 추적한 결과 독도와 직접 관련이 없는 더미기사를 제외한 255건의 기사를 확보했다. 이것을 다시 『영남일보』지면을 통해 대조한 결과 125건이 신문기사로 보도되었음을 확인했다. 그래서 『영남일보』의 경우 125건을 연구범위에 포함하였다. 이 기간 대구경북지역민들은 『매일신문』의 117건의 기사와 영남일본의 125건의 기사를 통해 대통령의 독도방문과 일련의 사실을 인지하였다고 판단된다. 그러나 양 신문이 지면을 통해 제공한 정보는 논조와 인식 면에서 동질성과 차별성을 보였다. 동질성은 지방신문으로서의 공통된 입장이었고, 신문의 시각 차이는 각 언론사의 고유성 내지는 정체성으로 이해할 수 있다.

3) 분석 자료의 일반적 성격

『매일신문』과 『영남일보』는 8월 10일 이전에는 1일 1건 정도의 독도관련 기사를 실어 독도에 대한 중요성이나 인식의 차별성이 드러나지 않았다. 2012년 7월 말에 일본이 방위백서를 발간하면서 '독도는 일본땅'이라는 점이 다시 부각되었다5. 『매일신문』은 이에 대한 반응으로 경상북도 도지사의 독도영유권 주장과 도발을 중단하라는 규탄성명을 8월 1일자로 기사화 했다.

『영남일보』는 8월 1일자로 일본의 방위백서 내용 자체를 기사화 했다. 일본이 방위백서 내용을 내외신 기자들을 상대로 브리핑한 내용을 기사화 하면서 일본의 의도가 국제사회를 대상으로 기정 사실화 하려는데 있다는 점을 부각시켰다. 이 과정에서 비교적 객관적인 보도의 태도를 취하였다. 그러면서 8월 2일자 신문에는 이미 『매일신문』을 통해 보도된 경북도지사의 기자회견 내용을 기사화했다. 그리고 8월 3일자 신문에서 당시 문재인 민주통합당 대선 후보의 한·일간의 역사문제 해결을 위한 구상과 의지를 기사화했다. 기사내용은 『매일신문』의 기사내용과 대동소이했다. 이후 『영남일보』는 8월 10일까지 독도와 직접적인 관련이 있는 기사를 내 보내지 않았다.6

---

5 『매일신문』은 2012년 7월 31일 연합뉴스로 일본의 방위백서 발간과 일본이 독도를 자기들의 땅이라는 주장을 기사화했다. 『매일신문』이 『영남일보』에 비해 하루 앞서 보도 되는 경향이 있다.
6 독도기사를 매일 보도한 신문은 『매일신문』이다. 이것은 독도관련 단체들의 행사와 활동 내용에 한정하여 스트레이트성 기사가 주류였다. 독도 현지에서 일어난 독도사랑회의 '대마도 반환운동'이나 평택 오성중학교의 한국전통 시물놀이팀의 녹도

'독도' 관련 기사가 본격적으로 게재되기 시작한 것은 8월 10일이다. 『매일신문』은 8월 10일 1면 머리기사로 대통령의 독도방문 사실을 보도했다. 현직 대통령이 독도를 방문한 것은 헌정사상 처음 있는 일로 세인의 관심을 끌기에 충분했다. 총 5건의 기사로 대통령의 독도방문 배경과 일본정부의 입장과 대응, 이후 한·일간에 미칠 파장 등을 점검했다. 그리고 이 날자 사설은 대통령의 독도방문을 환영하는 일색으로 흘러 독도가 대한민국 영토임을 천명하는 역사적 의미를 강조했다.7

『영남일보』는 하루 늦은 11일 대통령의 독도방문 기사를 대대적으로 보도했다. 1면의 머리기사를 포함하여 총 11건의 독도관련 기사를 게재했다. 이날 3면과 4면은 '이대통령독도방문'이란 제목의 특집으로 꾸몄다. 독도방문의 배경과 의미를 짚으면서 독도방문 과정을 그림처럼 스케치하고, 시간대별로 정리하여 대통령과 독도방문을 함께 하지 못한 대구경북인들로 하여금 현장감을 느낄 수 있게 했다. 이 과정에서 정치권의 반응과 시민들의 반응도 적절하게 배치해 균형을 잡으려 했다. 특히 지역주민들의 반응을 다각도로 접근하여 '당연한 일'과 '정치적 쇼'의 입장을 적절하게 배치한 것도 객관적 보

사람 국토 사물놀이, '사이버 독도 사관학교 캠프' 기사 등은 대구경북인들로 하여금 독도에 대한 지속적인 관심을 가지기에 충분했고 의미 있는 기사였다. 이러한 기사는 대구경북인들의 가슴에 언제나 독도가 있게 만들었다.

7 『매일신문』 2012년 8월 10일 〈사설〉 '이명박대통령의 독도 방문 환영한다'에서 '온 국민이 기다리고 기다리던 통치행위이다. 감격하며 환영한다', '독도가 이 세상 누구도 넘볼 수 없는 대한민국 영토임을 천명하는 역사적 의미를 지닌다. 당연한 반전이다'면서 극찬하였고, 독도방문의 문제점이나 부정적인 측면은 전혀 언급하지 않아 지나치게 긍정적인 입장을 유감없이 보여주었다.

도를 유지하려는 노력의 일환이었다.

물론 이러한 언론의 보토 태도는 『매일신문』에서도 확인된다. 『매일신문』은 8월 11일 신문에서 독도와 관련하여 5건의 기사를 실었다. '이대통령독도방문'이란 제목으로 3면을 기획특집으로 꾸몄다. 대통령의 독도방문 과정과 입장, 울릉주민들의 반응은 내용면에서는 『영남일보』의 기사와 별반 차이점을 발견할 수 없지만, 울릉도 현지 주민들의 동향을 보도한 점은 상대적으로 돋보였다.

그러나 전반적으로 런던 올림픽 사건 및 기사와 겹치면서 독도문제 이슈화에는 현실적인 어려움이 있었다. 8월 10일 이후 독도관련 기사는 8월 내내 평균 6건 정도 기사화 되었으며, 9월로 접어들면 독도 관련 기사 빈도수가 줄어드는 양상을 보였다. 8월 15일과 16일은 광복절과 관련하여 기사화 되는 빈도가 급증하는 것은 한·일간의 역사문제, 식민지배 문제 등을 고려할 때 당연한 일이다.

3. 『매일신문』과 『영남일보』의 독도관련 보도

1) 보도기사의 유형

『매일신문』은 신문편집에서 1면을 〈imaeil.com〉으로 편성하고, 2면과 3면은 〈종합〉, 4면과 5면은 〈사회〉, 6면은 〈정치〉 순으로 기사를 분류했다. 지역소식은 〈대구경북〉, 〈경북〉으로 구분하기도 하고, 〈경제〉는 별도로 섹션을 마련하는 경우가 일반적이었다. 그리고 〈충전!사람@세상〉과 〈세상속으로〉의 별도의 단신을 전하는 코너를 만들어 독자성을 유지했다. 이 중 독도 관련 기사는 주로 〈종합〉편에 게재하고 있는 것이 특징이다.

『영남일보』는 1면에 별도의 명칭을 붙이지 않고, 2면에서 5면은 〈뉴스&이슈〉코너를 만들어 사회적으로 이슈가 되거나 그날에 일어난 중요한 기사를 배치하였다. 〈사회〉면은 6-7면에 한정하고, 지역기사는 〈경북〉, 〈경북동부〉 등 지역을 구분하여 기사를 배열하는 점이 돋보인다. 『매일신문』이 〈대구경북〉과 〈경북〉으로 구분하는데 비해 『영남일보』는 〈경북〉, 〈경북동부〉, 〈경북서부〉등으로 구분하는 점이 다른 점이다. 다만 〈오피니언〉을 신문지면의 말미 2면에 걸쳐 배치하고 〈칼럼〉과 〈사설〉, 〈기고문〉등을 배열하는 점은 『매일신문』과 『영남일보』가 동일하였다.

결과적으로 『매일신문』의 '세상속으로'는 『영남일보』의 〈사람〉과 〈사람&뉴스〉와 동일한 기사내용이며, 『매일신문』의 〈충전!사람@세상〉은 『영남일보』의 〈뉴스&이슈〉와 동일한 것으로 이해된다. 이외 해외 기사의 경우 『매일신문』은 〈국제〉로 섹션화하고, 반면에 『영남일보』는 〈월드〉로 섹션화하여 독자들에게 차별성을 드러냈다. 이와 같은 특징을 가진 두 신문사의 기사 편집 및 편재와 건수를 동일성을 중심으로 정리하면 다음의 〈표1〉과 같다.

<표 1> 신문사 기준 기사 분류 및 기사건수

『매일신문』	기사건수	『영남일보』	기사건수
1면	12	1면	12
종합	33	뉴스&이슈	37
대구경북	8	경북	7
세상속으로	6	사람&뉴스	2
충전!사람@세상	4	사람	2
오피니언	21	오피니언	14
이대통령독도방문	3	이대통령독도방문	6
런던올림픽	1	2012런던올림픽	2
정치	4		
사회	8	사회	13
경제	5	문화	1
국제	7	월드	19
스포츠	2	스포츠	6
일. 막가는 독도도발	3	새누리박근혜선택	1
기타		TV프로 대학 동네뉴우스	3
계	117		125

  <표 1>에 의하면 『영남일보』와 『매일신문』은 '독도'를 주제로 한 총 기사수는 『영남일보』가 8건 많아 우위를 보이지만, 전체적으로 비슷하여 기사 수만으로는 비교검토가 어렵다. 특히 각 신문이 1면 기사로 보도한 횟수는 각각 12회로 기사의 중요도에 대한 평가가 일치함을 보인다. 기사의 내용과 지향점에 대한 비교분석은 장을 달리하여 설명할 것이다.
  '독도'를 주제로 한 기사를 정치적 성격으로 배열하고 보도한 경향

은 『매일신문』과 『영남일보』가 일치한다. 『영남일보』는 〈뉴스&이슈〉를 통해 37건을 기사화했고, 『매일신문』은 〈종합〉면 33건, 〈정치〉면 4건을 합치면 37건이 되어 숫자상으로도 일치한다. 다만 기사의 주제와 내용은 일정한 차이성이 있다.

지역과 관련한 뉴스는 『영남일보』가 1건 더 많이 보도하였고, 잡다한 일반적 뉴스거리는 『매일신문』(〈충전!사람@세상〉, 〈세상속으로〉) 10건, 『영남일보』(〈사람〉, 〈사람&뉴스〉) 4건으로 『매일신문』이 더 많은 기사거리를 제공하였다. '기고문'과 '칼럼', '사설'이 포함된 〈오피니언〉의 경우 『매일신문』 21건, 『영남일보』 14건으로 『매일신문』이 월등하게 많은 기사를 제공하였다. 물론 내용적 분석이 이루어져야 하겠지만 기사의 수를 통한 표면적 이해에 한정한다면, 『매일신문』이 '독도'와 관련된 독자적인 의견을 더 많이 개진한 것으로 이해된다. 이러한 현상은 특집기사에서도 두드러진다.

『매일신문』은 8월 11일자 3면을 통해 '이대통령독도방문'이란 특집을 통해 3건을 게재하였고, 이것은 이미 전날 대통령의 독도방문과 관련한 기사 4건과 합친다면 7건이 기사화된 셈이다. 그리고 25일자 3면을 통해 '일, 막가는 독도도발'의 3건의 기획기사를 실어 일본의 억지주장에 대한 한국정부의 단호한 의지와 독도의 역사적 사실을 상세하게 연대순으로 설명하여 독자들에게 독도가 한국의 영토임을 다시 한번 각인시켰다. 『영남일보』는 11일자 3면을 통해 '이대통령독도방문'이란 주제 하에 6건을 기사화하여 독도방문의 배경과 과정, 일본과의 외교적 문제점 등을 상세하게 주지시켜 독자들로 하여금 이해의 폭을 넓히는 계기를 만들었다.

〈사회〉면의 기사로 취급한 것은 『매일신문』이 8건, 『영남일보』가 13건으로 우위를 점했다. 이것은 『영남일보』가 독도 기사를 사회적 문제로 접근하는 경향을 드러낸 것으로 보이며, 『매일신문』이 정치적으로 접근하는 경향을 보이는 것과 대조된다. 〈종합〉면과 〈정치〉면 기사를 합쳐 살펴보면 이러한 인식이 무리가 아니라는 점을 발견할 수 있다.

'독도'와 관련된 〈경제〉기사는 『영남일보』의 경우 1건 이지만, 『매일신문』은 5건을 기사화하여 대조를 보이고 있다. 국제적인 문제를 다룬 〈국제〉·〈월드〉의 경우 『매일신문』이 7건, 『영남일보』가 19건으로 『영남일보』가 국내보다 국제관계 뉴스에 더 많은 관심을 가지고 있었다. 『매일신문』의 경우 대통령의 독도방문을 전후해 국제적인 반응이나 해외에서 일어난 일들에 대한 기사가 없다는 점도 특이하다.

2) 보도 분야별 분석

『매일신문』과 『영남일보』보도의 분야별 유형을 기준으로 하여 연구자가 내용별로 다시 재분류하여 보도 분야별 현황을 살펴보고자 한다(〈표 2〉참고). 『매일신문』과 『영남일보』의 경우 〈표 2〉에 의하면 독도관련 뉴스를 2012년 8월 한 달 간 다양한 영역에서 빈번하게 다루었다. 물론 독도 관련 보도라고 할 수 없는 극히 일부 기사들도 있었지만, 대구경북의 지역민을 대상으로 하는 『영남일보』와 『매일신문』은 대통령의 독도방문을 계기로 독도관련 기사를 민감하게 취급하는 경향이 나타나는 것은 분명한 사실이다.

〈표 2〉 보도 분야별 현황

구분	『매일신문』 건 수	비율(%)	『영남일보』 건 수	비율(%)
정치	23	19.7	41	32.8
경제	7	6	0	0
사회	22	18.8	14	11.2
지역	31	26.5	33	26.4
국제	26	22.2	26	20.8
스포츠	8	6.8	11	8.8
계	117	100	125	100

『매일신문』의 경우 〈표 2〉를 통해 확인할 수 있듯이 지역과 연관된 기사가 26.5 %(31건)로 지역신문의 성격을 여실하게 보여주고 있다. 그리고 정치, 사회 기사는 각각 19.7%, 18.8%,로 비등한 비율을 보이는 반면 국제관련 기사는 22.2%로 정치·사회보다는 비중있게 기사를 다루었다. 이외 경제 6%, 스포츠 6.8%의 비중을 차지하고 있다.

『영남일보』는 정치면의 기사가 32.8%로 가장 비중 있게 다루었다. 지역관련 기사는 『매일신문』과 유사한 26.4%를 차지하고 있으며, 국제관련 기사도 20%를 차지한다. 반면에 경제와 관련된 기사는 『매일신문』이 7건인 것에 비해 단 1건도 기사화하지 않는 것이 특이한 점이다.

독도 관련 기사는 정치나 국제 면에서 비중 있게 다루어져야 할 주제임이 분명하다. 독도가 우리사회에서 관심의 대상이 되는 것은 일차적으로 일본의 존재와 영토침략의 야욕에 그 본질이 있기 때문이다. 다시 말하면 국제정치상의 국가적 이익뿐만 아니라 국제정치학적 관점에서 전 국민의 관심을 끌고 있는 대상이라는 점이다.[8] 그리고 무엇보다도 현직 대통령의 독도방문이라는 초유의 사건이 이러한 문제의식과 관심을 심화시켰기 때문이다. 그러므로 독도와 관련된 보도는 정치면이나 국제면에서 다루어져야 하는 것은 너무나 당연한 것이다.

『매일신문』의 경우〈표 1〉을 참고해 볼 때 1면·종합·정치·특집·국제면 등으로 기사화 된 것이 약 62건으로 전체의 절반을 차지하고 있다.『영남일보』의 경우도 약 74건의 기사를 이러한 입장에서 다루고 있다. 대통령의 독도방문과 이후 독도의 관심은 정치와 국제관계에서 매우 관심을 끈 주제임은 분명한 셈이다. 그러나 대통령의 독도방문을 전후한 한 달 간의 기사만으로 전체적인 추이를 밝히는 것은 한계가 있다.

3) 보도 유형별 분석

『매일신문』과『영남일보』의 독도관련 기사를 기획(특집), 사설(칼럼), 해설(종합), 스트레이트, 스케치, 인터뷰 기사로 구분하였다. 이것은 양 신문의 보도유형별 현황을 살펴 언론의 보도행위를 검토하

---

8 김신호,「우리나라 2011년도 언론분야 독도 주제 연구의 '현황과 과제'」,『2011년도 독도관련 연구동향과 전망』, 지성인, 2013. 114쪽.

기 위한 것이다. 기획(특집)은 대통령의 독도방문과 일본의 행태에 대한 양 언론의 특집(기사)로 한정하였다. 그러므로 특집기사는 그 형식과 내용이 분명할 뿐만 아니라 언론의 입장과 대통령의 독도방문에 대한 시각이 일정하게 투영되어 있다고 이해할 수 있다.

양 신문은 〈오피니언〉 코너를 2면에 걸쳐 편집한 점은 동일하다. 여기에는 일반 독자의 기고문도 있지만 대체로 전문가의 분석 글이 칼럼형태로 게재되었다. 〈오피니언〉의 '사설'은 별도로 구분되어 언론사의 논조를 분명히 했다. 그러므로 〈오피니언〉의 '칼럼'과 '사설'을 심층 분석하면 언론사의 보도지향을 알 수 있을 것으로 판단했다.

스트레이트 기사는 육하원칙에 입각한 기사로 특정 사건이나 사고의 개요가 분명하게 드러나는 기사로 한정하여 구분하였다. 스트레이트 기사는 객관적 성격을 강조하는 특징이 있으며, 객관주의 보도원칙은 언론의 기본적인 보도원칙이라고 할 수 있다. 사실을 객관적이고 공정하게 보도하는 것은 언론인의 사명이기도 하다.

현장감을 중시하는 기사는 스케치 기사로 분류하였다. 주재기자나 동행한 기자가 현장에서 생동감 있게 스케치한 듯한 기사를 묶은 것으로, 주변상황이나 참가자의 의견을 읽어낼 수 있는 기사에 한정하였다. 언론의 자유와 독자들의 알 권리를 충족시키기에는 이러한 스케치 기사가 효율적인 것은 분명하며 일반적 인식이다. 그러나 스케치 기사의 경우 자칫하면 기자의 입장과 관점만을 강조하게 되는 함정에 빠질 수도 있어 주의가 요구되는 기사이기도 하다. 그렇지만 독자들은 스케치 기사가 주는 생동감을 무시할 수 없으며, 기자의 취재행위는 바로 현장의 스케치에 초점이, 그리고 생명이 있다고 할 수 있어 매우 중요하다.

〈표 3〉『매일신문』과 『영남일보』의 보도유형별 현황

보도유형/신문사	『매일신문』/ %	『영남일보』/ %	비고
기획(특집)	8 / 6.8	8 / 6.4	
사설(칼럼)	18 / 15.4	16 / 12.8	
해설(종합)	20 / 17.1	36 / 28.8	
스트레이트기사	34 / 29.1	33 / 26.4	
스케치 기사	37 / 31.6	30 / 24	
인터뷰 기사		2 / 1.6	
	117 / 100	125 / 100	

『매일신문』의 경우 스케치 기사는 31.6 %로 가장 많은 비중을 차지하고, 『영남일보』는 해설기사가 36건으로 가장 많은 비중을 차지하여 대조를 이룬다. 스트레이트기사는 『영남일보』와 『매일신문』이 각각 26.4%와 29.1%로 그 뒤를 따르고 있다. 그러므로 양 신문의 보도 유형은 스케치 기사와 스트레이트 기사의 비중이 높다는 점을 지적할 수 있다. 기획기사의 경우 양 언론사가 각 8건의 기사로 일치함을 보였다.

사설 기사도 비슷한 수준으로 각각 15.4%와 12.8%로 18건, 16건의 보도건수를 보이고 있다. 반면에 인터뷰 기사는 『영남일보』가 2건의 기사를 할애하였지만 『매일신문』은 전무하였다. 이것은 대통령의 독도방문이나 독도와 관련한 인터뷰를 매우 제한적으로 활용하고 있다는 사실을 보여주는 것이다.

전제적으로 보아『매일신문』과『영남일보』는 독도와 관련한 보도유형은 유사하거나 대등한 것으로 판단된다. 양 신문이 뚜렷한 차이를 드러내지 않은 것은 동일한 지역적 기반과 독자를 공유한 현실에서 기인한 것으로 이해할 수 있다. 다시 말하면 기자와 취재원의 제한, 중앙과의 단절 등 지방신문사만이 가지고 있는 한계 내지는 특성에서 기인한 것이 일차적으로는 분명한 것으로 해석된다.

사실 2012년 8월 동안에 일어났던 다양한 사건과 행사 등과 관련하여 '독도' 주제는 다양하게 보도되었다. 스케치 기사와 스트레이트 기사의 유형이 가장 높은 빈도수를 차지하는 것은 '독도'와 관련된 사건이나 일들이 많이 일어났기 때문이기도 하다. 또한 현직 대통령의 헌정 사상 처음으로 독도를 방문한 사건, 일본의 대응과 일본과 중국과의 영토분쟁(센카쿠/댜오다워링) 등으로 끊임없이 사건과 행사가 있었기 때문이기도 하다.

독도를 둘러싼 일본과 한국의 영토분쟁 문제는 연원도 오래되었지만 끈질기게 평행선을 달리고 있다. 사실 독도는 애초부터 영토분쟁거리가 아니지만 일본의 끊임없는 도발행위는 한국을 지치게 만들고 있다. 이것이 바로 일본의 노림수의 하나이다.

『매일신문』은 스케치 기사에 비중을 더 두었다. 이것은 단순한 사실을 전달하기 보다는 현장의 분위기와 주변인들의 반응과 행동, 현장의 박진감을 전달하고자 하는 의지가 반영된 것으로 이해해야 한다.9『영남일보』는 해설기사나 스트레이트 기사를 더 비중 있게 다루었다. 스케치 기사가 24% 차지한 데 비해 해설기사가 28.8%나 차지한 것은 사건이나 사고에 대한 직접적인 반응이나 보도 보다는 여유를 가지면서 사건이나 사고의 본질을 접근하려는 언론사의 의도가 반영되었기 때문이다. 이럴 경우 독자들의 입장도 반영하거나 고려할 수 있는 장점이 있어 독자를 자사의 신문에 묶어 놓을 수 있는 이점도 있다. 그렇지만 단순한 해설(종합)기사는 사설이나 칼럼과 구별되어야 한다. 그리고 이러한 기사 작성에 있어서 물론 현실적으로 기자의 수가 부족하거나 하는 언론사의 한계점도 작용했을 것이다.

『매일신문』은 독도와 관련하여 단 1건의 인터뷰 기사도 싣지 않았다. 『영남일보』는 2건의 인터뷰 기사를 실었지만 독도문제와 직접적인 인터뷰로 보기에는 한계가 있다[10]. 사실 인터뷰 기사는 철저한 준비 과정을 거쳐 특별한 목적하에 이루어지는 보도 형태이다. 이런 점을 고려하면 지방지가 인터뷰 기사를 위해 정보를 수집하고, 지향점을 분명히 하여 객관적인 질문과 답변을 주고받는 형식의 기사 작성은 한계가 있었을 것이다. 중앙지가 아닌 지방지가 기사의 방향과 목표를 분명히 하는 전문화한 기자가 부족할 수밖에 없기 때문이다. 그러므로 『영남일보』와 『매일신문』은 제대로 된 인터뷰 기사를 실을 수 없었다.

---

9 김신호, 「우리나라 2011년도 언론분야 독도 주제 연구의 형황과 과제」, 『2011년도 독도관련 연구동향과 전망』, 지성인, 2013, 119쪽.

10 1건은 '2012 독도사랑 한국어 말하기 대회'에서 장려상을 수상한 외국인과의 일문입답이다(8월 20일 18면 기사). 다른 하나는 새누리당 대선 후보로 선택된 박근혜 후보가 일본의 독도 외교공세에 대해서는 철저하게 대비하겠다는 의지력을 피력한 일문입답이다.(8월 21일 3면 기사).

4) 독도 관련기사 작성자 분석

『매일신문』의 경우 독도관련 기사를 신문에 게재하면서 기자의 이름을 밝힌 경우와 그렇지 않은 경우를 구분해 볼 필요가 있다. 전체적으로 보아 기자의 이름을 기재하지 않은 기사는 총 19건이다.[11] 사설의 경우 신문사의 입장을 대변하는 것으로 기사 작성자가 기명되지 않으며, 나머지도 기사의 성격 상 기자의 이름을 밝히지 않았다고 보인다.

이외 연합뉴스를 그대로 전재하거나 일부 수정 보완하여 보도된 기사는 28건이며(연합뉴스), 기자의 실명을 표기한 기사는 70건이다. 이중 오피니언의 핫클릭 코너 2건과 칼럼 6건을 제외하면 순수하게 기자가 취재한 기사는 53%인 62건에 불과한 셈이다. 이것은 신문에 보도된 독도관련 기사의 절반만이 지방신문사가 직접 취재한 기사였다는 사실을 보여주며, 이것이 지방 언론의 현실로 이해된다.

『영남일보』의 경우 기자의 이름이 기재되지 않은 기사가 오피니언의 사설 7건, TV프로 1건, 사진기사 1건으로 총 9건이며, 연합뉴스로 보도된 기사는 58건에 달했다. 오피니언의 칼럼 9건은 칼럼니스트의 이름이 명기되었고, 일반 독도와 관련한 다양한 기사가 기자명을 명기한 기사는 49건에 불과하였다. 어떤 의미에서 신문사 소속의 기자가 직접 취재한 기사는 전체 125건 중 39%에 해당하는 49건이라고 할 수 있다. 이것은 지방언론이 연합뉴스 의존도가 높다는 사

---

11 〈충전!사람@세상〉 부분에서 1건, 〈세상속으로〉의 사진기사 5건, 〈오피니언〉의 '사설' 10건, '관풍루'코너 3건으로 총 19건이었다.

실을 보여준다.

『매일신문』과 『영남일보』의 차이점의 하나는 연합뉴스 기사화에서도 찾을 수 있다. 『매일신문』은 연합뉴스를 종합하거나 수정하여 기자의 이름으로 보도되는 경우가 많았다. 『영남일보』는 연합뉴스로 보도된 기사는 수정하거나 별도로 편집하여 기자 이름으로 게재한 경우가 드물었다. 『매일신문』이 『영남일보』에 비해 연합뉴스 기사가 적은 이유의 하나이기도 하다.

4. 쟁점별 보도 기사의 질적 분석

1) 이명박 전 대통령의 독도방문 기사 비교 분석

이명박 전 대통령(이하 필요시 MB로 표기)의 독도방문 기사는 『매일신문』이 방문 당일인 8월 10일 TV뉴스와 인터넷기사를 통해 실시간으로 보도하였고, 신문은 1면 머리기사로 실었다. 내용은 인터넷 연합뉴스를 토대로 『매일신문』의 입장에서 정리한 기사였지만, 시간적으로 『영남일보』보다 하루 빨랐다는 장점이 있다. 『매일신문』의 기사는 대통령의 독도방문에 대해 환영이라는 일관성을 유지했다. 전체 4꼭지의 기사 제목은 다음과 같다.

〈이명박 대통령 헌정사상 첫 독도 방문〉(8월 10일 1면)
〈"日 도발 더 못봐준다" 외교방향 일대 전환〉(8월 10일 3면)
〈일본 "내정 불안에 허 찔렸다"〉(8월 10일 3면)
〈이명박 대통령의 독도 방문 환영한다〉(8월 10일 31면 사설)

1면 머리기사의 제목은 "이명박 대통령 헌정사상 첫 독도 방문"이다. 대통령이 우리 영토에 가는 것이며, 일본의 독도 도발이 계속되고 있는 상황에서 '독도는 우리땅'이라는 사실을 대내외에 공식적으로 천명하기 위한 가장 강력한 의지를 피력한 것으로 보도했다. 청와대는 일본의 도발을 강조한 탓인지 일본에 통보하지 않았다는 사실을 의도적으로 강조하여 대통령의 독도방문과 대일외교정책을 연결시키려 했다.

MB의 독보방문은 그동안 정부가 유지해온 '조용한 외교'와는 다른 길임에는 틀림없다. 그러므로 일본을 의식하지 않을 수 없다. 『매일신문』은 대통령의 독도방문 소식을 접한 일본정부의 민감하면서도 조용한, 그러면서도 의연하게 대처하는 일본의 입장을 소개했다. 현직 대통령의 독도방문은 국내는 물론이고 주변국에도 쇼킹한 사건임에는 틀림없다[12]. 자칫 국제 분쟁화 할 수 있기 때문이다. 그럼에도 『매일신문』은 한국의 입장과 정부의 발표내용만을 근거로 정당화하려는, 매우 긍정적인 보도 경향을 보였다. 이러한 보도 태도에서 확인할 수 있는 것은 엄밀하고 정확한 검증없이 MB의 독도방문의 긍정적 프레임을 대구경북 지역민들에게 정착시키려 했다는 점이다. 이러한 성격은 일본의 입장과 일본이 이해하는 독도방문에 대한 해석을 지나치게 소략하게 전하는 점에서도 확인할 수 있다.[13]

---

[12] 물론 일전에 러시아 대통령이 일본과 영토분쟁이 있는 쿠릴열도를 방문한 사건이 있었다.

[13] 『매일신문』은 8월 10일 3면 〈종합〉편에서 일본이 소비세 법안처리 등 국내문제로 일본이 '허를 찔렸다'는 반응을 보였다던가, 주일 한국대사의 소환, 한일 외교의 악화 등 예상 가능한 일만 소개하고 있다. 이명박 대통령의 레임덕 문제, 일본의 대한

『매일신문』의 입장은 "이명박 대통령의 독도 방문 환영한다"는 사설에서 그대로 드러난다. 대통령의 독도방문이 '온 국민이 기다리고 기다리던 통치행위이다. 감격하며 환영한다'거나 '독도가 이 세상 누구도 넘볼 수 없는 대한민국 영토임을 천명하는 역사적 의미를 지닌다. 당연한 반전이다'는 것은 『매일신문』이 MB의 독도방문을 어떻게 이해하고 있는가를 잘 보여준다. 동시에 『매일신문』이 정부의 입장을 얼마나 잘 이해하고 그것을 독자들에게 전달하려고 노력하는가 하는 점을 시사한다.

〈"우리땅 가는데 왜 日에?" 사전통보설 일축〉(8월 11일 3면)

『매일신문』은 다음날인 8월 11일 MB의 독도방문에 대한 배경을 비교적 소상하게 설명했다. 3면에 '이 대통령 독도 방문'이란 제목으로 특집을 꾸며, 독도방문 과정을 자세하게 보도했다. 그러면서 항간에 나돌고 있는 독도방문과 관련한 억측들을 해명하는 입장을 유지했다. 독도방문의 일본 사전 통보설은 우리 땅에 가는 것으로 일축하고, 대통령의 독도방문 과정을 스케치했기 때문이다.[14]

강경외교정책, 일본위안부 문제에 대한 일본과의 협상난제 등의 배경을 소홀히 하는 경향을 보였다.

14 주민들의 반응과 환호, 환영의 모습, 이문열과 김주영 소설가가 동행한 이유와 이들의 입장 등이 비교적 소상하게 기사화했다. 그러나 전체적으로 그 방향은 역시 정부의 입장을 옹호하거나 여과 없이 전달하면서 MB의 독보방문을 선전하는데 그쳤다. 다시 말하면 특집으로 꾸며진 기사들이 모두 MB 독도방문의 정당화에 한정되어 있다는 점이다.

〈"일본 위안부, 인류 가치에 반해"〉(8월 15일 1면)

　이러한 정부의 입장은 8월 13일자 2면에 기사화된 대통령의 광복절 뉴스로 이어졌다. 『매일신문』은 대통령의 광복절 기념사를 주목하면서15 한편으로는 기사 말미에 '이 대통령의 독도방문 후 일본과의 갈등이 첨예해지겠지만 일본이 명시적인 도발을 하지 않는 한 독도에 해양과학기지와 방파제 같은 해양시설물 건설 등 실효적 지배조치를 강화하지 않기로 한' 정보를 실었다. 이것은 그동안 정부가 주장해오던 대통령의 독도방문의 정당성과 배치되는 내용이다, 그럼에도 『매일신문』은 이러한 실효적 지배를 강화하는 정책의 후퇴 내지는 철회에 어떠한 비판적 입장도 보이지 않았다. 『매일신문』은 이와 같이 정부 정책을 여과 없이 전달하거나, 아니면 오히려 무조건 찬동하는 모습을 보여 비판적·객관적 기사보도의 정신을 약화시켰다.

　『영남일보』는 『매일신문』보다 하루 늦게 대통령의 독도방문 사실을 실었다. 대구경북지역민들은 이미 대통령의 독도방문 사실을 TV 뉴스나 인터넷을 통해 알고 있는 상황에서 MB의 독도방문 사실을 보도하는 데 어려움이 있었을 것이다. 물론 정보의 빠른 전달이라는 면에서는 상대적으로 약점인 셈이다.

〈대통령이 직접 독도를 70분간 지켰다〉(8월 11일 1면)

---

15 『매일신문』 8월 13일 2면

〈日과 외교관계 악화돼도 '우리가 잃을 것 별로 없다' 판단〉(8월 11일 3면)

『영남일보』는 11일자 신문에서 1면 머리기사로 보도했으며, 그 내용은 『매일신문』에서 보도한 내용과 별반 차이가 없었다. 다만 하루의 시간적 여유가 있은 결과로 이해되지만, 비교적 논리 정연하게 독도방문 과정을 정리하였고16, 3면과 4면을 통해 독도방문 배경과 의미를 진단하고, 정치권 반응을 실어 『매일신문』과 대조되는 편집을 보였다.

현직 대통령의 독도방문이 역사문제에 대해 단호한 태도라는 점을 인정하면서도 레임덕 차단 효과라는 점도 조심스럽게 지적했다. 친인척과 측근비리, 임기말 악재를 극복하고 대통령 위상을 다시 부각하려는 정치적 행위라는 일각의 분석과 시각을 지적하는 것을 잊지 않았기 때문이다. 이런 점에서 『영남일보』는 『매일신문』에 비해 상대적으로 객관성·중립성을 유지하려는 입장에 있었다고 이해되며, 이러한 기사는 곧 현실성과 의미성을 가진다고 하겠다. 특히 현직 대통령의 독도방문 일정을 시간대별로, 주요 내용별로 정리하여 독자들의 이해를 한층 쉽게 한 점도 돋보인다. 그리고 『매일신문』에서 찾아보기 어려운 비판적 시각이 곳곳에 배여 있다.

〈與 '영토수호 위한 의지' vs 野 '국면전환용 아니길'〉
(8월 11일 4면)

---

16 『영남일보』 8월 11일 3면 '이대통령 독도방문' 특집기사

〈李대통령의 獨島 방문에 남는 아쉬움〉(8월 11일 23면 사설)

『영남일보』는 『매일신문』에서는 볼 수 없었던 정치권의 반응도 균형 있게 보도해 공정성을 기하려했다. 여권의 '영토수호를 위한 의지'의 입장과 '국면전환용이 아니길 바라는'[17]는 야권의 입장을 가감 없이 소상하게 전달하여 독자들의 정보에 대한 이해와 선택의 폭을 넓혀 주었다. 그리고 대구경북 지역민들의 반응도 '당연하다'는 입장과 '정치적 쇼'[18]라는 인식도 실어 정권과 대통령의 독도방문에 대한 극명한 입장차를 알게 해 주었다. 이러한 『영남일보』의 보도 입장은 이날 '李대통령의 獨島 방문에 남는 아쉬움'이라는 사설에서도 확인할 수 있다. 사설의 전반부는 독도방문에 대한 환영과 역사적 의미를 당연한 주권 행사로 해석했다. 그러므로 대통령의 독도 방문은 독도의 실효적 지배를 강화하는 가장 확실한 방법인 것은 분명하다.

그러나 문제는 일본의 도발에 단호하게 대처하면서 동시에 국제분쟁화를 피할 수 있는 외교정책의 근본적 변화를 추구하는 '전략적 필요성의 공감대'가 국내적으로나 국제적으로 형성되어 있지 않다는 데 있다. 그리고 '대통령의 독도방문은 일본의 중대한 도발에 언제나 사용할 수 있는 강력한 대응카드였던 만큼, 정권 말기 지지도가 급락한 시점에서 꺼내든 까닭에 효과가 반감될 수밖에 없다'[19]는 『영남일보』의 해석과 지적은 대통령의 독보방문에 대해 정확하게 이해하는

---

17 『영남일보』 8월 11일 4면 '이대통령 독도방문' 특집기사
18 『영남일보』 8월 11일 7면 "당연하다" vs "정치적 쇼다"
19 『영남일보』 8월 11일 23면 〈사설〉 '李대통령의 獨島방문에 남는 아쉬움'

폭을 넓혀주는 기준으로 작용했을 것이다.

『매일신문』과『영남일보』는 8월 12일 부터는 MB의 독도방문 그 자체를 뉴스화 하지 않았다. 8월 15일을 넘기면서 대통령의 독도 방문의 의미보다는 일본의 반응에 더 주목하였고, 올림픽과 대통령 선거로 이슈가 선점되어 갔던 것이다. 그러므로 MB의 독도방문은 이후 대통령의 일왕사과 발언, 위안부 문제, 과거사 이해 등의 문제와 연관하여 기사화되는 양상으로 변해갔다. 다시 말하면 MB의 독도방문 그 자체는 더 이상 뉴스의 중심에 위치하지 않았던 것이다.

2) 일왕 사과 발언과 위안부 등 역사인식 기사 보도

MB의 독도방문의 연장선에 나온 대일 정치적 행위는 일왕 사과발언과 위안부 등 역사인식에 관한 언급이다. 『매일신문』은 8월 13일 종합 2면 '대통령 광복절 기념사 주목'의 기사를 통해 한·일간 첨예하게 대립하고 있는 '독도 문제 보다는 일본군 위안부 문제와 교과서 왜곡 등 일본의 역사인식 문제에 대한 종합적이고 강도 높은 비판을 예고하고 있다'고 예측 보도했다. 일본의 MB 독도방문에 대한 일본의 민감한 반응에 게의치 않겠다는 정부의 입장을 여과 없이 전한 것이다. 그러면서 MB독도방문의 상징성이 희석되는 점에 대해서는 어떠한 비판적 시각도 드러내지 않았다.[20]

---

[20] 이 기사의 말미에 '청와대가 독도 방문 이후 일본과의 갈등이 첨예해지겠지만 일본이 명시적인 도발을 하지 않는 한 독도에 대한 해양과학기지와 방파제와 같은 해양시설물 건설 등 실효적 지배조치를 강화하지 않기로' 한 사실을 언급하면서도 독도방문의 실효적 지배의 상징성 약화 문제는 거론조차 하지 않았다

『매일신문』에서 MB의 일왕사과 발언을 확인할 수 없다. MB의 일왕사과 발언이 14일 있었지만 보도하지 않았고, 15일 광복절 기념사 해설기사에 묻어 나왔다[21]. 그리고 종합 3면에 "늦기 전에 과거사 매듭 풀 계기 마련"의 제목을 통해 보도했다. 그리고 당혹감을 감추지 않은 일본의 입장을 전했다. 일본의 주요 언론이 일왕의 사과발언에 대해 한국보다 자세하게 보도하면서 민감한 반응을 보였기 때문이다.[22]

『매일신문』의 일왕 사과발언 관련 기사는 모두 9건이었다. 이 중 3건은 MB의 대일강경발언 사실을 알리는 한국측 입장의 기사이고, 나머지 6건은 일본의 대응내용이었다. 일본의 반응은 외교경로를 통한 공식항의와 노다 총리의 직접적인 강한 비판이었다[23]. 일본의 노다총리는 일왕사과발언에 대한 유감의 서한을 발송하기로 했고, 일본인들은 자존심에 큰 상처를 입었다. 그들의 입장에서는 매우 무례한 발언으로 결코 용인하기 어려웠다. 최악의 지지율인 노다 총리의 입장에서는 오히려 지지율 회복의 지렛대로 활용하기 도 했다.[24]

---

21 『매일신문』 8월 15일 1면 '이 대통령 광복절 경축사'
22 『매일신문』 8월 15일 3면 종합 '믿을 수 없는 발언…일 일왕사과요구에 당혹'
  일본 언론의 보도 경향은 다음의 연구가 참고된다. 김영, 「일본 언론에 나타난 독도 영유권 문제」 『최근 아베정권의 독도정책과 그 대응 방향』 2013, 영남대학교 독도연구소 추계학술대회 발표자료집 : 김영, 「이명박 대통령의 독도 방문과 한일 언론의 보도 경향 분석」 『이명박 대통령의 독도 방문과 국내 언론의 보도 경향 분석』, 2013, 대구한의대학교 안용복연구소 학술대회 발표자료집.
23 『매일신문』 8월 16일 종합 3면 "위안부 사과"-"신사참배" 한·일관계 급랭.
  이외 소개된 일본의 반응은 일본 우익단체들의 주일 한국대사관 앞 항의시위, 한일 재무장관회담 연기, 정상 셔틀외교 중단 검토, 한일통화스와프협상 재검토 분위기 연출 등 전방위 압박을 전하고 있다.

그러나 일본은 일왕사과 발언 자체에 대한 보복 조치는 없었다[25]. 다만 한일 통화스와프 확대조치 문제만을 거론했다. 일본으로서는 뾰족한 수가 없었던 셈이다. 이런 점에서 『매일신문』은 여전히 MB의 일왕사과발언 자체를 외교문제와 연관시키기 보다는 그 당위성을 강조하는 입장에 있었다.

『영남일보』의 경우 일왕사과발언과 관련한 기사는 아래의 3건 뿐이다. 그러나 MB가 일왕의 사과발언을 하는 과정을 연합뉴스 그대로 실어 그 발언의 진위를 더 정확하게 알 수 있었다. 그리고 8월 16일 일본 정치권의 '예의 잃은 발언', '국민 반일감정 이용' 등 일왕 발언이 독도문제로 한·일 외교갈등을 증폭하게 되는 의미를 해설기사로 실어 이해를 도왔다. 그리고 이와 관련하여 포괄적인 내용을 전하여는 입장을 보였다.

〈"일왕, 한국 오려면 진심으로 사과해야"〉(8월 15일 4면)
〈"MB 발언 유감" 日, 야스쿠니 참배 맞대응〉(8월 16일 16면)
〈"조센진은 가라" 日 우익단체 韓대사관서 시위〉(8월 16일 16면)

8월 15일은 한국은 광복절이지만 일본은 패전일이다. 일본 정치권과 정부, 특히 보수우익은 '성역'인 '천왕'을 일왕이라 호칭한데 대

---

24 『매일신문』 8월 18일:20일: 24일 기사. 일본은 도를 넘는 외교도박을 벌이게 되었다. 그런 기회를 한국이 제공한 꼴이 되고 말았다. 궁지에 몰린 일본이 일왕사과발언을 호재로 삼지 않을 이유가 없는 것이다. 그리고 일본 내 우경화를 가속화시키는 계기로도 작용했다.
25 『매일신문』 8월 25일 기사.

한 격분한 모습을 보였고, 이러한 분위기를 등에 업은 일본정부는 일왕사과발언을 직접 거론할 필요가 없었다. 이들은 현직 각료의 신사참배로 반발의 모습을 보였고, 각 정당들과 언론들도 일왕사과 발언의 부당성을 알리려 했다. 그러나 이들은 한일관계의 중요성은 잊지 않았다,『영남일보』는 이러한 일본의 정치계의 동향과 언론의 보도 내용[26], 그리고 국민들의 이해와 인식의 방향을 이해하는 데 도움을 주었다[27]. 단순히 한국의 입장에서만 이해하고 해설하려는 것이 아니었다는 점에서『매일신문』과 차별성을 드러냈다고 평가할 수 있다.[28]

3) 일본의 대응에 대한 보도와 인식

MB의 독도방문에 대한 일본의 반응은 격앙 그 자체였고, 외교적 채널을 풀가동하였다. 독도방문 자체에 대한 일본의 반응 기사는 『매일신문』의 경우 14일까지 3건에 불과하여 독도방문이 가져온 파

---

[26] 이날『영남일보』가 전한 일본 정치계의 동향은 정부와 각료, 민주당, 자민당, 공명당, 아사히신문, 요미우리 신문, 산케이신문 등이었다. 보수우익, 진보성향, 지한파와 각 언론의 동향을 가감 없이 전달하여 일본의 동향과 반응의 내용과 방향을 이해하는 데 도움을 주었다.

[27] 특히 같은 날『영남일보』는 16면에서 일본 우익단체들의 한국 대사관 앞 시위 사실을 단독 기사로 보도하여 MB의 일왕사과 발언이 일본 국민속으로 미치는 파장을 알게 해 주었다.

[28] 다만『영남일보』가 MB의 일왕사과 발언을 3건으로 처리한 것은『매일신문』보다 기사의 중요성을 덜 인식한 결과로 볼 수도 있지만, 내용면에서 풍부하고 중립적인 입장을 유지하려 한 점을 엿볼 수 있었다. 이후『영남일보』는 MB의 일왕사과발언을 기사화하지 않았다. 일본의 대응조치와도 연결시키지 않는다는 점에서 발언 자체를 중시하지 않음을 알 수 있다.

장을 고려하면 매우 적은 분량의 기사였다. 이것은 『매일신문』이 일본의 반응보다는 한국의 입장을 더 중시하고 강조한 결과로 이해된다. 일본의 충격은 매우 큰 것이며, 소비세 법안 처리 등 일본의 내정문제로 허 찔렸다는 입장으로만 이해했다[29]. 이것은 한국의 입장을 강조하는 것일 뿐이다.

일본 정부는 일차적으로 주한 일본대사의 소환으로 반응했고, 한일 외교가 치안불능상태에 빠질 것으로 경고했다. 일본 언론은 MB의 독도방문을 12월의 대선(요미우리), 정권말기의 레임덕(마이니치), 위안부 문제에 해결에 대한 일본의 미온적 태도(아사히) 등을 원인으로 지적하기를 주저하지 않았다. 그러나 『매일신문』은 MB의 독도방문을 정당화하는 입장에서 기술하였다. 그리고 일본의 독도전담조직 설치, 국제사법재판소 제소 검토 등에 대한 구체적인 일본의 반응을 기사화하지 않았다.[30]

『영남일보』의 경우 일본의 대응과 관련한 기사가 3건이며 내용면에서도 『매일신문』과 차이가 없다. 다만 『영남일보』는 양 국가간의 대처방안을 병렬적으로 설명하는 입장을 유지했다. 양국의 외교장관의 전화 내용, 일본정부의 주일 한국대사 항의, 주한 일본대사의 소환 등의 소식을 동시에 게재했기 때문이다. 그리고 겐바 고이치 외상의 독도문제 국제사법재판소 제소 방안 검토 발언과 전담부서 설치 추진, 연례 재무장관 회의 연기 등의 내용을 기사화했다. 이것은

---

29 『매일신문』 8월 10일. 3면. 일본 '내정 불안에 허 찔렸다"
30 『매일신문』 8월 14일 위 내용이 아무런 설명 없이 나열되고 있어 이러한 이해를 할 수 있다.

일본의 대응을 일목요연하게 이해하는데 도움을 주며, '의연하게 대처하겠다'는 한국정부의 입장과 대조되었다. 그렇다고『영남일보』가 특별한 대안을 제시한 것은 아니다[31].

일본의 반응과 대응은 대통령의 일왕 사과발언과 광복절 기념사가 오버랩되면서 격앙되었고, 이에 따라 관련기사가 증가되는 일면을 보였다. 『매일신문』의 경우 전체 25건을 기사화 했다[32]. 이것은 독도 관련기사의 약 21%에 해당하며, 『매일신문』이 외교정책의 변화와 아울러 일본의 반응에 상당히 주목한 결과로 이해된다. 『영남일보』는 전방위 공세를 펴는 일본의 동향을 예의주시하면서 도쿄연합뉴스를 그대로 게재하면서 해설 기사를 중심으로 기사를 만들었다. 전체 125건 중 26건으로 20%의 비중을 차지하여『매일신문』과 유사함을 보였다.

『매일신문』이 전한 일본의 대응은 각료들의 균열된 외교 갈등을 심화시키는 신호탄인 야스쿠니 신사 참배, 독도 전담조직 설치, 국제사법재판소 제소 방침과 이를 한국정부에 통보 및 제안, 한·일 통화 스와프 협정의 재검토와 규모축소, 정상간 교차방문인 셔틀외교의 일시중단, 재무회담 연기, 노다 총리의 일왕 사과발언 유감의 서한 전달, 한국의 유엔 안보리 비상임 이사국 진출 반대 등의 보복조치, 일본 국회의 독도실효지배 결의안, 노다 총리의 영토수호 불퇴전에

---

31 『영남일보』 8월 11일: 13일 4면:19면 기사 참조.
32 『매일신문』은 일본의 반응에 대해 스케치 기사로 9건, 스트레이트 기사로 4건, 해설(종합) 기사로 7건, 그리고 사설기사 1건, 기획기사로 4건을 기사화했다. 해설기사와 기획기사를 합하면 11건으로 이를 통해 독자들의 이해를 돋우려는『매일신문』의 노력의 일단을 엿볼 수 있다.

대한 기자회견, 독도 영유권 주장의 인터넷 홍보 등이었다.

이러한 일본의 대응에 대해 한국정부는 독도가 명백한 한국의 영토이고 실효지배하고 있기 때문에 국제사법재판소 제소에 응하지 않는다는 방침을 정했고, 이것에 대한 검토가 독도를 분쟁지역화 하려는 의도로 인식한 결과이다. 『매일신문』은 한국 정부의 입장을 그대로 전할 뿐이었다. 정부의 대응책에 대한 비판적 기사는 1건에 불과했다.[33]

정당들과 외교전문가들의 지적은 기사화되지 않았고, 오히려 이런 입장에 대해 매우 인색한 면을 보였다[34]. 반면에 일본의 외교적 결례, 옹졸한 입장, 망언, 신경질적인 반응 일탈외교 등의 부정적 단어를 사용하여 일본의 부당성만 강조하고, 한국정부는 냉정을 유지하면서 대응수위를 조절하겠다는 방침을 옹호하는 입장을 취했다. 그러므로 『매일신문』의 경우 일본의 대응에 대한 한국정부의 효과적인 대외정책을 정당화하는데 초점을 맞춘 보도경향을 보였던 것이다. 효과적인 정책 입안이나 대응책 마련 촉구의 내용이 아쉬웠다.

『영남일보』의 경우도 전반적으로 유사한 성격을 보이나 간간히

---

[33] 『메일신문』 8월 16일자 3면 '"위안부 사과"- "신사참배" 한일관계급냉' 기사 말미 참고. 민주통합당 박용진 대변인은 '냉온탕을 반복하는 아마추어적 태도를 보면 정부가 대일문제에 전적 로드맵을 가졌는지 의문'이라며 비판했다. 이와 관련 상당수 외교전문가들은 전략없이 정치적 목적에 따라 한일간의 과거사 문제 등 현안에 대해 강성 발언을 할 경우 일본측의 반발과 역공을 부르는 빌미를 제공하면서 한일관계가 꼬일 수 있다며' 중장기 전략에 따른 전략적 접근이 필요하다고 지적하고 있다'고 소개하였다.

[34] 『매일신문』 8월 16일 칼럼도 이러한 입장에서 독도방문에 대한 진보진영의 비판을 일축하고, 독도방문의 정당성을 역설하는데 주안점을 두었다.

정부의 외교정책의 문제점을 지적, 우려하는 측면을 보였다. 『영남일보』는 한일관계를 냉철한 이성으로 풀어야 할 과제로 인식했기 때문이다. 정부가 독도의 실효적 지배를 강화하는 정책을 후퇴시키고 있다는 점을 분명히 지적했다[35]. 그리고 독도의 분쟁 방지 업무를 맡은 주무부처인 외교부의 독도관련 예산이 증액되지 않은 문제점을 지적하기도 했다.

이 과정에서 『영남일보』는 일본의 대응 방안 중 모순된 행위도 도출할 수 있었다[36]. 일본이 한국과는 입을 닫고 대화 채널을 모두 중단하면서도 외신을 통해 '독도는 일본땅'이라고 선전하는 모습을 스케치했기 때문이다. 일본은 특히 독도와 센카쿠를 분리 대응하는 전략을 구사하면서 국제사회의 상식을 벗어나고 있다고 지적했다. 그러면서 중국내 반일여론을 의식하여 중국주재 일본대사가 피습을 당해도 재발방지만을 촉구하는 이중성을 여실 없이 보여주는 모습을 잘 스케치했다. 그리고 일본이 북한과의 대화를 재개하면서 한국의 고립화를 시도하는 모습도 스케치 기사화 했다. 그리고 일본의 국정 파행과 노다 총리 문책 결의안의 가결은 결국 독도문제를 소강사태로 빠져들게 되는 계기로 작용하였다[37]. 『매일신문』기사와의 차이점의 하나로 지적할 수 있다.

---

35 『영남일보』 8월 16일 칼럼 '독도 실효적 지배 강화해야' 와 사설 '납득하기 어려운 독도시설물 건설 유보'참고. 8월 28일 기사도 참고된다.
36 『영남일보』 8월 23일: 29일: 30일 가시 참고
37 일본의 대응은 9월로 접어들면 소강상태를 이루고 사실 12월 26일 아베 정권의 출범하면서 새로운 국면으로 접어들게 되었다.

4) 제3국의 입장에 대한 보도

MB의 독도방문 이후 일본과 독도문제를 바라보는 세계의 시각을 살펴보는 것은 매우 중요한 일이다. 글로벌한 오늘의 현실에서 한국의 국제적 지위와 독도문제에 대한 각국의 입장을 이해하여 외교정책과 국제사법재판소 제소 문제 등을 이해하는데 도움을 주기 때문이다. 『매일신문』은 일본을 제외한 외국의 입장에 대해 8건을 기사화 했다. 이 중 미국의 입장을 다룬 기사가 6건[38], 중국[39]과 프랑스 입장[40]이 각각 1건으로 대부분 미국의 동향을 주시했다.

미국은 MB의 독도방문에 대해 한일 양국의 관계를 해치지 않기를 바라고, 한·일 관계의 악화와 양국이 과거사 문제를 국내정치에 활용해서는 안된다는 입장을 표명했다[41]. 『매일신문』이 전한 전략문제연구소(CSIS)의 '미·일동맹보고서' 내용을 통해 볼 때 미국은 MB의 독도방문을 계기로 표면화 된 한국과 일본의 과거사 문제 및 외교 갈등에 대해 양국의 입장을 동시에 감안하면서 '등거리'를 유지하는 입장이었다.[42]

---

[38] 이 중 한건은 미국의 CNN방송이 '8·15 독도횡단 프로젝트'를 실행한 김장훈과 한국체대 수영부 학생들의 독도 수영 횡단 소식을 뉴스로 전한 내용이다.
[39] 8월 15일 중국 공산당 기관지인 인민일보에는 일본 각료의 야스쿠니 신사 참배에 대해 '鐘聲'칼럼을 통해 '그날은 일본 정객이 잔꾀를 쓰는 날이 아니다'면서 강력하게 비난했다는 기사가 실렸다.
[40] 8월 25일. 프랑스의 진보성향 신문인 리베라시옹은 20세기 한국과 중국에 대해 상상을 초월하는 야만적인 식민 통치를 했던 일본이 군국주의 과거사에 대한 실제적인 반성을 하지 않았다는 점을 지적하면서 동북아시아에 영유권을 둘러싼 분쟁이 일어날 가능성을 예상했다.
[41] 『매일신문』 8월 10일:16일 기사 참고

그러나 미국은 '미·일 안보조약'에 입각하여 댜오위다오(센카쿠)를 둘러싼 일본과 중국의 영토분쟁을 더 중시했다. 그러므로 월스트리트저널(WSJ)은 동북아시아의 한국·중국·일본·러시아의 영토분쟁을 힘의 균형 변화로 분석했다. 중국의 부상과 미국과 일본의 동맹이 약화된 것이 분쟁의 원인과 배경으로 작용하였다는 분석이었다. 이러한 입장에서 확인할 수 있는 것은 미국의 관심이 독도에만 있지 않다는 것이다[43].

『영남일보』는 독도문제를 바라보는 외국의 입장을 4건 보도했다. 이중 연합뉴스를 그대로 전재한 것이 3건이고, 1건만이 기자가 직접 작성했다. 김장훈의 독도 수영횡단 프로젝트 성공과 미국 CNN 방송의 소개와 미국의 클린턴 국무장관 관련기사는 『매일신문』기사와 같았다.[44] 다만 미 CNN 방송 관련기사의 경우 단순 사실만 전했고, 『매일신문』은 방송내용의 일부 소개하고, 한·일간에 일어나고 있는 정치적 갈등에 관한 CNN이 발언도 자세하게 실어 대조되었다. 그리고 『영남일보』는 『매일신문』보다 하루 늦게 사실이 기사화되는 점도 차이였다.

『매일신문』이 미국을 중심으로 하고 프랑스와 중국관련 기사를

---

[42] 『매일신문』 8월 17일. 미 국무부 대변인이 한·일간의 영토분쟁의 공동해결을 강조하면서 위안부·성노예 표현을 미국 정부가 동시에 사용한다고 밝혀 한국의 입장을 지지하는 듯이 보인다고 분석했다.
[43] 미국의 이러한 입장은 힐러리 클린턴 미국 국무장관이 베이징과 러시아를 방문하면서 한국과 일본을 들르지 않은 것과 일맥상통하며, 미국은 한·일간의 갈등에 난처해 있음이 분명하다고 할 수 있다(8월 30일 기사).
[44] 『영남일보』 8월 16일;30일 기사

실은 반면에 『영남일보』는 홍콩과 베트남의 입장도 취재하여 대조를 이루었다[45]. 한국과 일본과의 독도 영유권 갈등은 결국 이어도 문제로 중국과 외교 갈등을 가져올 것이라는 전 주중 베트남 총영사의 지적은 독도를 바라보는 우리들의 시야를 넓히기에 적절했다. 단순한 한·일 간의 문제에 국한된 것이 아니기 때문에 독자들로 하여금 MB의 독도방문의 실상을 정확하게 이해하는 또 다른 실마리를 제공했다고 보기 때문이다.

그동안 중국의 반응은 신문기사로 알려지지 않았다. 일본은 댜오위다오(센카쿠)로 이미 중국과 갈등이 심화되고 있었고, 이 문제는 한·일간의 외교 경색과 맞물려 진행되고 있었다. 그러므로 중국의 국민들도 영유권 문제에 한국처럼 강경하게 대처할 것을 주문하기 시작했다[46]. 일본과 한국 그리고 중국이 상호간 맞물려 갈등을 겪을 수 있게 되었다. 그러므로 독도 방문은 단순한 한·일간의 문제에 한정되는 것이 아니라는 사실을 독자들이 이해할 수 있게 만든 것은 매우 의미있는 일이다.

『영남일보』와 『매일신문』은 외국의 소식을 기사화함에 있어서 연합뉴스의 의존도가 매우 높았다. 『영남일보』는 4건의 기사 중 3건을 연합뉴스를 그대로 실었고, 1건의 경우 외신보도나 연합뉴스 내용을 재 기사화했다. 『매일신문』의 경우도 전체 8건의 기사 중 6건을 연합뉴스에 의존하였다. 2건의 기사도 결과적으로 외신이 전하는 내용

---

45 『영남일보』 8월 22일.
46 『영남일보』 8월 27일.

이나 연합뉴스 내용을 재 작성한 기사임이 분명했다. 그러므로 양 신문은 외신부분에서 신문사의 입장을 고려하여 외신기사를 취사선택한 것이다. 다만『매일신문』이 비교적 시간적으로 하루 앞당겨 보도되는 경우가 상대적으로 많았다.

5) 영남지역민들의 반응 뉴스

대구경북 지역민들은 MB의 독도방문과 무관하게 독도와 관련한 행사와 기사 거리를 매일 1건씩은 제공했다. 물론 MB의 독도방문과 8·15 광복절을 전후하여 기사가 더 많이 양산되는 것도 사실이다. 독도와 관련한 영남 지역민들의 동향을 살피는 것은 매우 중요한 주제임에는 분명하나 자료와 연구의 부족으로 대비가 어렵다. 그렇지만 이 기간 그 대략의 실상은 파악할 수 있을 것이다.

〈표 2〉를 참고해 보면 지역 기사는『매일신문』31건(26.5%),『영남일보』33건(26.4%)이었다. 그러나 영남지역민들의 반응과 동향을 파악하기 위해서는 〈정치〉, 〈종합〉기사의 일부가 포함되어야 한다. 그 결과『매일신문』41건,『영남일보』37건이 지역민들의 반응을 전하는 기사였다. 이들은 스케치 기사와 스트레이트 기사가 대부분 차지하고 있으며, 아래의 〈표 4〉는 이점을 분명하게 보여준다.

<표 4> 지역 기사의 보도 유형

신문 /유형	스케치기사	스트레이트기사	종합(해설)	인터뷰	계
『매일신문』	14	23	4	0	41
『영남일보』	10	21	5	1	37
계/비율(%)	24 / 31%	44 / 56%	9 / 12%	1 / 1%	78

<표 4>에서 확인할 수 있듯이 스케치 기사와 스트레이트 기사의 유형이 가장 많은 빈도수와 비중을 차지한다. 이것은 대구경북 지역에서 독도와 관련한 행사나 사건들이 많았다는 사실을 보여준다. 대구경북 지역민들은 독도와 관련하여 다양한 반응을 보였고, 특히 자치단체들이 입장을 표명하거나 행사를 주관한 현실을 반영하는 것이다. 그리고 계속되는 한·일간 정치적 갈등이나 독도에 대한 일본의 억지주장들이 대구경북인들의 반응을 불러왔던 것도 사실이다.

『매일신문』 41건과 『영남일보』 37건의 기사 중 주제가 동일한 기사는 14건으로 『매일신문』의 경우 34%, 『영남일보』의 경우 8%에 해당한다. 물론 내용의 서술에서는 조금 차이가 있다. 『매일신문』은 긍정적인 입장이 많았고, 『영남일보』는 부분적으로 부정적이거나 객관적 입장을 견지하려 했다. 물론 취재방식이나 해석의 차이는 있을 수 있지만 정보와 정보원의 존재, 네트워크상의 문제 등의 차이에서 오는 결과로 이해된다.

『매일신문』은 27건, 『영남일보』는 23건이 다른 기사였다.[47] 그런

---

47 영남인들의 독도에 대한 반응과 행사들은 주로 정부기관과 관련 있는 기사들이 주류였다. 경상북도, 울릉군 독도박물관, 수산과학원, 교육지원청, 안용복재단 등의 입장이나 구성원들의 동향과 반응, 궐기대회, 독도 관련 행사들이 기사화되었다. 민

데 학술단체들의 활동이나 학술행사 등은 한 건도 기사화되지 않아 학계의 동향을 소개하는 데 인색한 것이 언론의 입장이었다고 해석할 수 있다. 이들 기사들을 양산해 내는 주체들을 정리하면 다음의 〈표 5〉와 같다.

〈표 5〉 지역뉴스 양산 주체 분류

신문/구분	정부기관	민간단체	개인/인물	기타
『매일신문』	26	9	5	1(금융권)
『영남일보』	27	5	5	0

신문에 실린 기사들의 진원지는 지역별로 대구와 독도, 울릉도가 가장 많았다. 『매일신문』의 경우 독도를 관할하는 경상북도 도청소재지가 있는 대구가 14건으로 가장 많았고 그 뒤를 이어 울릉도 9건, 독도 9건이었다. 각종 문화행사들이 벌어진 것과 관련이 있으며, 서울 2건, 울진, 동해, 상주, 강릉, 동해 부산 등도 이 기간에 각 1건의 뉴스를 제공했다.

『영남일보』도 역시 대구가 20건으로 가장 많았고, 독도 5건, 울릉 4건으로 『매일신문』보다 울릉도와 독도의 기사 제공이 적었다. 서울 2건은 『매일신문』과 같고, 울진, 부산, 구미, 포항, 동해, 상주 등이 1건의 뉴스를 제공했다. 대구 경북의 다른 지역과 관련한 기사가 없어 지역의 독도 관련 행사의 실상을 이해하기는 어렵다. 아마도 신

간단체의 경우는 플래시몹이나 교육행사, 군무, 농구대회 등이 소개되었다.

문사의 여건과 취재원, 지면의 부족으로 다른 지역의 동향을 싣지 못한 것으로 이해된다.

이러한 뉴스 생산 주체들과 뉴스의 진원지를 볼 때 양 신문은 관 중심의 보도경향을 보이고 있다. 경상북도는 물론이고 행정기관이나 관변단체들의 동향이 중시되었고, 상대적으로 민간단체들이나 소수인들의 동향은 소홀했다. 지역적으로도 대도시를 중심으로 동향이 보도되어, 마치 다른 지역민들은 독도와 관련한 어떠한 행동도 취하지 않은 것으로 비칠 수 있다. 기자의 이름으로 기사화되는 점은 공통점이다.

『매일신문』은 긍정적 입장에서 행사와 동향을 전했다. 반면에 중앙정부에 대한 지방의 입장을 전달하려는 노력은 부족했다. 『영남일보』는 이 과정에서 지방정부의 입장을 표시하려고 했다. 물론『매일신문』의 경우 대통령의 친필 독도 표지석을 설치하면서 법을 위반하고, 무단 설치와 무단 철거의 문제점을 지적하면서 부정적 입장을 전하기도 했다. 다른 기사는 모두 정부와 지방자치단체의 입장에서 동향과 행사의 기사를 전하였다.

『영남일보』는 MB의 독도방문의 의미에 대한 부정적인 견해를 지역민들의 동향으로 전했다. 독도방파제와 독도종합해양과학기지 건설을 포기한 청와대의 입장에 대해 독도수호사업은 흔들림 없이 추진되어야 한다는 경상북도의 입장을 전해 지역민들의 여론을 환기시켰다. 일관성 없는 정책은 비판의 대상으로 충분한 것이며, 도민들의 삶과 나아가 독도 영유권확립 운동과[48] 밀접한 관련이 있기 때문이다. 대통령의 독도방문이 독도의 실효적 지배를 강화하기 위한 것이라는 점에서도 분명히 할 사안이다. 그러므로 이러한 차이를 대구경북인들에게 주지시키는 것은 언론의 중요한 책무의 하나임에 분명하다.

5. 맺음말

존재하지도 않는 독도 영유권 논쟁은 한국과 일본이 풀어야 할 지난한 과제이다. 일본은 독도 영유권에 대한 역사적 사실 검증이나 실효적 지배 등의 요인들을 중시하지 않으면서 국제적 분쟁지화에 진력하고 있다. 반면에 한국은 영유권과 실효적 지배를 위한 지속적이고 가시적인 정책을 집행하지 않았다. 그리고 독도문제가 주권 확립을 상징하는 문제로 천명하기는 했지만, 지금까지 배타적 영유권 확립에는 실패했다.

종래 정부는 '조용한 외교', '신중한 외교'를 기조로 때로는 강경책을, 때로는 유화적으로 일본과의 관계를 유지해 왔다. 그러나 이명박 전 대통령은 임기 말에 즈음한 지난해 8월 10일 현직 대통령으로서는 처음으로 독도를 방문해 세계의 주목을 받았다. 독도 방문 자체가 '독도는 우리땅'임을 대내외에 천명하는 가장 강력한 의지를 보였

---

48 『영남일보』 8월 29일. 대구지역 기초의원의 '생활속의 일제 잔재 용어 청산운동' 전개 기사가 주목된다. 일제 용어를 완전히 청산하는 운동이 곧 독도를 지키는 운동으로 승화할 수 있는 중요한 계기가 되며, 이것이 생활 속에서 현실적으로 실천할수 있고, 또 국민적 운동으로 승화될 수 있는 일이기 때문이다. 독도인식과 독도 지키기 운동의 계몽적 차원에서 이 기사는 매우 중요한 의미를 지닌다.

고, 국민들은 환호와 열렬한 지지를 보냈다. 이에 힘입어 일왕사과 발언, 독도와 과거사 관련 발언 등이 쏟아져 나와 한·일 외교관계를 심각하게 만들었다.

현직 대통령의 독도방문이 언론의 주목을 받은 것은 당연하다. 대구경북 지역의 대표 신문인 『매일신문』과 『영남일보』도 독도방문 과정은 물론이고 정치적 저의 등을 대서 특필했다. 이후 발생한 일본과의 관계 등도 지속적으로 다양하게 보도하여 독자들의 이해를 도왔다. 특히 이들 신문들은 대통령의 독도방문의 정치적 목적과 의미를 정확하게 분석하고 해석하여 독자들에게 알려줄 의무가 있다. 이런 점에서 신문의 대통령의 독도 방문 관련 기사의 보도 유형을 분석하는 것은 의미가 있다[49].

『매일신문』 117건의 기사와 『영남일보』의 125건의 관련 기사를 통해 볼 때 논조와 시각면에서 양 신문사는 동질성과 차별성을 보였다. 독도관련 기사의 총량면이나 기사내용이 크게 다르지는 않았지만, 그 지향점은 차이가 있었다. 『매일신문』은 독도방문에 대해 환영일색으로 긍정적 평가와 해석이 주류를 이룬 반면에 『영남일보』는 상대적으로 중립적 입장이나 비판적 입장을 보였기 때문이다. 그리고 『영남일보』는 주요 기사를 하루 늦게 보도하는 경향이 짙었다.

『매일신문』과 『영남일보』는 보도 기사의 분야별 유형은 유사한

---

49 국민들의 잘못된 인식은 언론의 잘못된, 편향된 여과장치 때문일수도 있다. 국민들의 독도와 이명박 전 대통령의 독도방문에 대한 잘못된 인식과 이해는 일차적으로는 언론 보도 때문이며, 이 과정에서 독도방문의 현재성이 왜곡되기도 했지만 이 기회에 독도를 둘러싸고 있는 분열되었던 정서에 대한 반성이 계기가 필요한 것이다.

형태를 띠고 있었다. 기사의 편재와 내용의 동질성을 중심으로 보면 전체적으로 비슷하여 비교검토가 어렵다. 특히 각 신문에 1면기사로 보도한 횟수는 각각 12회로 기사의 중요도에 대한 평가가 일치했다. 특집기사의 경우 『매일신문』과 『영남일보』가 각각 7건, 6건으로 유사하지만, 〈사회〉면의 기사는 『매일신문』 8건, 『영남일보』가 13건으로 차이가 났다. 그리고 〈종합〉, 〈정치〉면의 기사를 고려하면 『영남일보』는 독도기사를 사회적 문제로 접근하는 경향을 드러냈다면, 상대적으로 『매일신문』이 정치적으로 접근하는 경향이었다.

『매일신문』은 지역과 연관된 기사가 26.5 %(31건)로 지역신문의 성격을 여실하게 보여준다. 그리고 정치, 사회 기사는 각각 19.7%, 18.8%로 비등한 반면 국제관련 기사는 22.2%로 정치, 사회보다는 비중 있게 다루었다. 『영남일보』는 정치면의 기사가 32.%로 가장 비중 있었다. 지역관련 기사는 『매일신문』과 유사한 26.4% 국제관련 기사가 20%였다. 반면에 경제와 관련된 기사는 『매일신문』이 7건인 것에 비해 단 1건도 없었다.

『매일신문』은 스케치 기사가 31.6%였고, 『영남일보』는 해설기사가 36건으로 대조를 보였다. 스트레이트 기사는 『영남일보』와 『매일신문』이 각각 26.4%와 29.1%로 그 뒤를 이어 스케치 기사와 스트레이트 기사의 비중이 높은 점을 알 수 있다. 기획 기사는 양 언론사가 각 8건의 기사로 일치했다.

사설 기사도 비슷한 수준으로 각각 15.4%와 12.8%로 18건, 16건의 보도건수를 보였다. 반면에 인터뷰 기사는 『영남일보』가 2건의 기사를 할애하였지만, 『매일신문』은 전무하였다. 이것은 MB의 독도방문이나 독도와 관련한 인터뷰를 매우 제한적으로 활용하고 있다는 사실을 보여준다.

『매일신문』은 스케치 기사에 비중을 더 두었다. 이것은 단순한 사실을 전달하기 보다는 현장의 분위기와 주변인들의 반응과 행동, 현장의 박진감을 전달하고자 하는 의지가 반영된 것이다. 이러한 보도 태도는『영남일보』도 별반 다르지 않지만, 반면에『영남일보』는 해설기사나 스트레이트 기사를 더 비중 있게 다루었다. 스케치 기사가 24% 차지한 데 비해 해설기사가 28.8%나 차지한 것은 사건이나 사고에 대한 직접적인 반응이나 보도 보다는 여유를 가지면서 사건이나 사고의 본질을 접근하려는 언론사의 의도가 반영된 것이다.

『매일신문』과『영남일보』의 차이점의 하나는 연합뉴스 기사화에 있다.『매일신문』은 연합뉴스를 종합하거나 수정하여 기자의 이름으로 보도되는 경우가 많았다.『영남일보』는 연합뉴스로 보도된 기사는 수정하거나 별도로 편집하여 기자 이름으로 게재한 경우가 드물었다.『매일신문』이『영남일보』에 비해 연합뉴스 기사가 적은 이유였다.

『매일신문』은 한국의 입장과 정부의 발표 내용만을 근거로 정당화하려는, 매우 긍정적인 보도 경향을 보였다. 이러한 보도 태도에서 확인할 수 있는 것은 엄밀하고 정확한 검증 없이 대통령의 독도방문의 긍정적 프레임을 대구경북 지역민들에게 정착시키려 한 것이다.『영남일보』는『매일신문』에 비해 상대적으로 객관성을 유지하려 했다. 정치권의 반응도 균형 있게 보도해 공정성을 기하려 했기 때문이다.

『매일신문』의 일왕 사과발언 관련 기사는 모두 9건이었다. 이중 3건은 MB의 대일강경발언 사실을 알리는 한국측 입장의 기사이고, 나머지 6건은 일본의 대응내용이었다. 『영남일보』의 경우 일왕사과 발언과 관련한 기사는 3건이었다. 그러나 일본 정치계의 동향과 언론의 보도 내용, 그리고 국민들의 이해와 인식의 방향을 이해하는데 도움을 주었다. 단순히 한국의 입장에서만 이해하고 해설하려는 것이 아니었다는 점에서 『매일신문』과 달랐다. 이러한 보도 경향은 대통령의 독도방문에 대한 일본의 대응조치에 대한 보도와 인식에서도 맥을 같이 했다.

독도문제에 대한 제3국의 입장에 대한 보도에서 『매일신문』은 일본을 제외한 외국의 입장에 대해 8건을 기사화 했다. 이 중 미국의 입장을 다룬 기사가 6건, 중국과 프랑스 입장이 각각 1건으로 대부분 미국의 동향을 주시했다. 『영남일보』는 독도문제를 바라보는 외국의 입장을 4건 보도했다. 이중 연합뉴스를 그대로 전재한 것이 3건이고, 1건만이 기자가 직접 작성했다, 이 과정에서 『영남일보』는 홍콩과 베트남의 입장도 취재하여 대조를 이루었다.

『매일신문』과 『영남일보』의 이명박 전 대통령의 독도방문과 쟁점별 보도경향 분석을 통해 엄밀하고 정확한 검증 없이 독도 방문의 긍정적 프레임으로 대구경북지역민들에게 정착하는데 성공한 사실을 발견했다. 그리고 대구경북인들의 이명박 정권에 대한 우호적인 인식과 독도 방문의 현재적 당위성이 결합하면서 MB의 독도방문에 대한 절대적 지지로 나타났다는 사실도 확인할 수 있었다. 그러므로 일차적으로 두 신문은 프레임 정치에 적극적으로 기여하였고, 그러한 이유 때문에 심층이나 기획보도가 지속적이지 않았던 것이다.

지금 우리에게 가장 중요한 것은 독도의 과거가 아니라 현재와 미래다. 그리고 목적을 분명히 하는 것이다. 우리는 MB의 독도방문과 이후 일련의 정치적 행위를 통해 지나친 욕심과 성과주의로 무리하게 되면 오히려 그것이 실패의 지름길이 될 수 있다는 점 분명히 인식할 수 있었다. 아니 그러한 사례를 너무나 명확하게 보여준 것이 바로 이명박 전 대통령의 독도방문이다. MB의 독도 방문이라는 정치적 행위는 사실 전략 없는 정책에 불과했다. 실제로 독도의 영유권을 강화하려는 의지가 있었다면 이에 걸맞는 지속적인 과정이 필요한 것이다. 차근차근 일본을 바라보면서 속도를 조절하고 내용의 깊이를 더해야 했었다.

부산지역 언론의 독도 관련 보도경향과 인식
-이명박 대통령의 독도방문을 기점으로

김성은[*]

1. 문제제기

본고는 대구한의대학교 안용복연구소의 가을 정기학술대회를 위해 준비한 기획논문이다. 연구의 목적은 2012년 8월 10일 이명박 대통령의 독도방문[1](이후 MB 독도방문) 이후부터 박근혜대통령이 취임한 2013년 2월 25일까지 부산지역 언론의 독도 관련 보도현황과 인식을 고찰하는 데 있다.

대구한의대학교 안용복연구소는 정기 학술대회를 통해 대한민국 대표언론인 조선일보, 경향신문, 한겨레 등 전국구 신문사와 함께 주간잡지, 대구 및 부산지역의 대표신문사, 일본의 신문사를 대상으로

---

[*] 대구한의대학교 교양과정부 교수
[1] 대부분의 언론에서 "이명박 대통령의 독도방문"이라는 표현을 쓰고 있고 학술대회 발표자 여러분 역시 이 표현을 채택하고 있으므로 본고 역시 "독도방문"이라는 표현을 쓰기로 한다. 한편 우리 국토를 순시했다는 의미에서 독도 "지방순시"라는 용어를 쓴 사례도 있다. 전홍찬(부산대 정치외교학 교수), 「독도문제와 국제사법재판소」『부산일보』 2012.8.16., 22면.

독도 관련 보도현황을 비교, 고찰하고자 했다. 특히 그 결과를 뚜렷이 대조해보기 위해 연구대상 언론사를 보수 및 진보 성향으로 나누어 골고루 선정하고자 했다. 부산지역은 안용복의 생가가 있는 곳으로 그의 생활터전이었다. 또한 부산은 일본과 가장 가까운 항구도시로 예로부터 현재까지 일본과의 인적, 물적 교류가 활발한 곳이다. 그리고 부산은 한국이 세계로 뻗어나가는데 교두보 역할을 하는 해양 도시이다. 이상과 같은 부산지역의 특성은 독도문제에 있어 부산지역 언론의 동향을 주목하는 배경이 되었다.

이와 같은 맥락에서 본고는『국제신문』과『부산일보』를 연구대상으로 선정했다.『국제신문』과『부산일보』를 선정한 이유는 이들이 부산지역신문의 양대축으로 부산을 대표하는 언론기관이기 때문이다. 본고의 연구를 위해 먼저 두 신문사의 홈페이지에서 연구기간을 지정하고 '독도'를 키워드로 사용해 관련 기사를 검색했다. 그리고 검색기사 가운데 인터넷용 기사는 배제하고 신문지상에 게재된 기사만을 추출해 국제신문 251건, 부산일보 239건, 총490건의 자료를 가지고 분석을 진행했다. 미리 설정한 몇 가지 항목에 따라 각 신문사별로 그리고 두 신문사를 합해 기사를 분류하고 통계를 산출해 이를 분석하고, 이와 함께 신문의 개별 기사를 대상으로도 분석을 진행했다.

방법론적 면에 있어서는「우리나라 2011년도 언론분야 독도 주제 연구의 '현황과 과제'」(김신호)[2]를 주로 참조했다. 보도 경향을 파악

---

2 김신호,「우리나라 2011년도 언론분야 독도 주제 연구의 '현황과 과제'」『영남대학

하기 위해 우선 10일 간격으로 독도 관련 기사의 추이를 살펴보았다. 다음으로 보도 분야별로 국제, 정치, 경제, 사회, 문화, 오피니언, 기타로 분류하고 10일 간격으로 기사의 추이를 살펴보았다. 그리고 보도 유형별로 오피니언, 스케치, 스트레이트, 해설, 인터뷰, 기타로 분류해 10일 간격으로 기사의 추이를 살펴보았다. 또한 보도 내용별로 주제 중심적-원인 규명, 주제 중심적-대책 논의, 주제 중심적-사건의 영향, 일화 중심적-사건 전달, 일화 중심적-반응 전달, 기타로 분류해 10일 간격으로 기사의 추이를 살펴보았다. 이러한 방법으로 각 신문사별 그리고 두 신문사의 합계를 산출해 분석을 시도했다.

  본고는 이를 통해 부산지역 언론이 독도문제를 어떤 분야에서 어떤 유형의 기사로 어떤 내용에 관심을 가지고 중점적으로 보도했는지 고찰해보고자 한다. 또한 이 과정에서 가능하다면 시기별 변화가 있었는지, 그러한 변화는 어떻게 전개되었는지, 신문사별 특징은 어떻게 나타나는지 살펴보고자 한다. 언론의 독도 관련 보도경향과 인식을 살펴보는 것은 언론이 국민의 여론을 반영하는 동시에 조성하며, 각 분야 전문가의 견해를 통해 정부의 정책에 영향을 미친다는데 시사점이 있기 때문이다.

교 독도연구』 제13호, 2012 참조.

2. 외형적, 양적 분석과 보도경향

〈신문사별 독도 관련 기사수의 추이〉

약10일 간격 \ 신문 이름	국제신문	부산일보	합계
① 2012.8.10. ~ 8.20	58	57	112
② 8.21 ~ 8.31	49	44	93
③ 9.1 ~ 9.10	16	14	30
④ 9.11 ~ 9.20	13	8	21
⑤ 9.21 ~ 9.30	13	10	23
⑥ 10.1 ~ 10.10	14	15	29
⑦ 10.11 ~ 10.20	5	7	12
⑧ 10.21 ~ 10.31	15	16	31
⑨ 11.1 ~ 11.10	5	6	11
⑩ 11.11 ~ 11.20	5	4	9
⑪ 11.21 ~ 11.30	5	5	10
⑫ 12.1 ~ 12.10	4	2	6
⑬ 12.11 ~ 12.20	5	8	13
⑭ 12.21 ~ 12.31	7	7	14
⑮ 2013.1.1. ~ 1.10	5	4	9
⑯ 1.11 ~ 1.20	2	1	3
⑰ 1.21 ~ 1.31	8	8	16
⑱ 2.1 ~ 2.10	8	8	16
⑲ 2.11 ~ 2.20	8	4	12
⑳ 2.21 ~ 2.28	6	11	17
합계	251	239	490

위 표에 따르면 부산지역 언론은 2012년 8월 10일에서 31일까지 MB 독도방문 이후 20일 동안 관련 기사가 급증했다. 그러다가 9월

로 달이 바뀌면서 기사 수가 급격하게 감소해 직전에 비해 약60%가 줄었다. 그리고 11월로 달이 바뀌면서 관련 기사는 다시 한 번 더 급격하게 감소했다. 그러다가 2월 25일 박근혜 대통령 취임을 앞두고 전체적으로 정국을 조망하는 가운데 독도가 언급되면서 관련 기사가 1월 21일 이후 조금 많아졌다. 그렇지만 전체적으로는 감소추세였다. 독도 관련 기사는 이슈가 있을 때 집중적으로 보도되는 현상을 나타내었다.

다음은 보도 분야별로 두 신문사의 기사 건수를 비교해 보았다.

〈보도 분야별 기사 수〉

	국제	정치	경제	사회	문화	오피니언	기타	합계
국제신문	54	57	19	30	39	26	26	251
부산일보	57	36	14	43	42	42	5	239
합계	111	93	33	73	81	68	31	490

위의 표에서 언론의 독도 관련 보도 빈도는 국제 분야가 가장 많았다. 다음으로 정치, 문화, 사회, 오피니언, 경제, 기타 순으로 나타난다. 아무래도 국제, 정치 분야에서 독도문제가 제일 많이 다루어졌음을 알 수 있다. 그리고 의외로 문화 관련 보도가 많이 나타나는데, 이는 한일독도갈등으로 인해 나타나는 문화적 영향에 관한 기사, 그리고 한일문화교류 관련 보도를 통해 장기적인 관점에서 한일갈등을 완화하는 방안으로 언급하는 경우가 많았기 때문이다.

보도 분야로 본 신문사별 특징은 다음과 같다. 국제신문은 독도 관련 기사를 국제와 정치 분야에서 비교적 골고루 보도했다. 반면 부산일보는 국제 분야 보도가 제일 많았고, 다음으로 사회, 문화, 오피니언, 정치가 비슷한 비중으로 보도되었다. 두 신문사를 비교하면, 국제신문은 부산일보보다 정치 분야에서 독도 관련 기사를 많이 다루었고, 부산일보는 국제신문보다 오피니언 분야에서 독도 관련 기사를 많이 다루었다. 이는 독도문제와 독도 관련 기사 보도에 있어 국제신문은 정치적 중요성에 무게를 두었던 반면, 부산일보는 전문가, 전담기자, 교수 등 전문가의 심도 있고 다양한 견해를 반영하고자 했음을 말해주는 것이다.

다음은 시간의 경과에 따라 10일마다 국제신문의 보도 분야별 기사의 추이를 살펴보고자 한다.

〈보도 분야별 기사 수의 추이 : 국제신문〉

약10일 간격\신문이름	국제	정치	경제	사회	문화	오피니언	기타	합계
① 2012.8.10 ~ 8.20	5	26	3	6	6	8	4	58
② 8.21 ~ 8.31	3	14	2	7	12	5	6	49
③ 9.1 ~ 9.10	4	2	2	1	2	3	2	16
④ 9.11 ~ 9.20	3	3	0	1	2	1	3	13
⑤ 9.21 ~ 9.30	7	2	1	1	0	2	0	13
⑥ 10.1 ~ 10.10	5	1	2	1	4	1	0	14
⑦ 10.11 ~ 10.20	2	1	0	1	1	0	0	5
⑧ 10.21 ~ 10.31	4	2	2	1	1	1	4	15
⑨ 11.1 ~ 11.10	1	1	0	0	1	2	0	5
⑩ 11.11 ~ 11.20	0	0	1	1	2	0	1	5
⑪ 11.21 ~ 11.30	4	0	1	0	0	0	0	5
⑫ 12.1 ~ 12.10	0	1	0	0	2	1	0	4

⑬ 12.11 ~ 12.20	1	1	0	1	0	1	1	5
⑭ 12.21 ~ 12.31	2	2	0	2	0	0	1	7
⑮ 2013.1.1. ~ 1.10	1	0	1	1	0	0	2	5
⑯ 1.11 ~ 1.20	1	0	0	0	1	0	0	2
⑰ 1.21 ~ 1.31	5	0	0	2	0	1	0	8
⑱ 2.1 ~ 2.10	1	1	2	1	2	0	1	8
⑲ 2.11 ~ 2.20	3	0	2	1	2	0	0	8
⑳ 2.21 ~ 2.28	2	0	0	2	1	0	1	6
합계	54	57	19	30	39	26	26	251

위의 표를 보면 국제신문의 독도 관련기사는 MB 독도방문 이후 20일 동안 급증했는데 정치 분야에서 집중적으로 보도되었다. 특히 처음 10일 동안 그런 경향이 짙었다. 그 다음 10일간은 정치 분야에서 줄어든 기사 수만큼 문화 분야 기사가 증가했다. 독도 관련 기사가 문화 분야에서 증가한 것은 독도 세리모니로 인한 박종우의 동메달 수여 보류 관련 기사가 많았고 한일외교 갈등으로 인한 문화교류의 타격, 관광객 감소 등에 관한 기사와 함께 양국관계가 경색되는 가운데 민간차원의 교류 및 문화교류가 필요하다는 메시지를 띠는 기사가 증가했기 때문이다. 한편 MB 독도방문 이후 20일간 정치 분야에 집중되었던 보도는 9월부터 급격히 줄어들었다. 반면 국제 분야 보도는 꾸준히 이어져 결국 6개월 뒤에는 국제 분야와 정치 분야의 기사 비중이 비슷해졌다. 이와 같이 시간이 갈수록 국제 분야의 기사가 증가했다는 것은 한일독도갈등을 한일 양국의 정치적 문제로 다루던 관점에서 나아가 동북아 국제정세 곧 국제관계 속에서 파악

하고자 하는 기사가 많아졌음을 의미했다. 또한 MB 독도방문으로 촉발된 중일간의 댜오위다오·센카쿠분쟁, 이와 관련된 일본의 반응과 정책에 관한 기사가 증가했던 것도 배경으로 작용했다.

〈보도 분야별 기사 수의 추이 : 부산일보〉

약10일 간격\신문이름	국제	정치	경제	사회	문화	오피니언	기타	합계
① 2012.8.10 ~ 8.20	8	14	4	10	9	11	1	57
② 8.21 ~ 8.31	12	9	1	6	7	9	0	44
③ 9.1 ~ 9.10	1	3	2	4	2	2	0	14
④ 9.11 ~ 9.20	2	2	0	2	2	0	0	8
⑤ 9.21 ~ 9.30	4	0	0	1	1	4	0	10
⑥ 10.1 ~ 10.10	4	1	1	2	4	2	1	15
⑦ 10.11 ~ 10.20	1	2	1	1	0	2	0	7
⑧ 10.21 ~ 10.31	5	1	2	4	1	3	0	16
⑨ 11.1 ~ 11.10	1	0	2	0	2	0	1	6
⑩ 11.11 ~ 11.20	0	0	0	2	2	0	0	4
⑪ 11.21 ~ 11.30	2	0	0	0	1	1	1	5
⑫ 12.1 ~ 12.10	0	0	0	1	1	0	0	2
⑬ 12.11 ~ 12.20	3	1	0	1	2	1	0	8
⑭ 12.21 ~ 12.31	2	0	0	2	1	2	0	7
⑮ 2013.1.1. ~ 1.10	1	0	0	2	0	1	0	4
⑯ 1.11 ~ 1.20	1	0	0	0	0	0	0	1
⑰ 1.21 ~ 1.31	3	0	1	0	2	1	1	8
⑱ 2.1 ~ 2.10	3	0	0	1	3	1	0	8
⑲ 2.11 ~ 2.20	2	0	0	1	1	0	0	4
⑳ 2.21 ~ 2.28	2	3	0	3	1	2	0	11
합계	57	36	14	43	42	42	5	239

위의 표에서 부산일보 역시 MB 독도방문 이후 20일 동안 독도 관련보도가 급증했다가 9월 1일을 기점으로 독도 관련 보도가 급격히 줄었다. 독도방문 이후 처음 10일간은 정치 분야 보도가 국제 분야보다 많았으나, 그 다음 10일간은 국제 분야 보도가 정치 분야보다 더 많았다. MB 독도방문 이후 20일 동안을 통틀어 보자면 독도 관련 기사는 국제, 정치, 오피니언 분야에 골고루 분포되어 있었다. 그런 다음 이후 6개월간 국제 분야 보도가 꾸준히 증가해 제일 많아졌다. 부산일보 역시 한일독도갈등 초기 이를 정치적 이슈로 다루다가 시간이 갈수록 동북아 정세와 국제역학관계라는 관점에서 독도문제를 보도하는 경향으로 바뀌었다.

〈보도 유형별 기사 수〉

	오피니언	스트레이트	스케치	해설	인터뷰	기타	합계
국제신문	26	35	82	75	4	29	251
부산일보	43	44	34	92	7	19	239
합계	69	79	116	167	11	48	490

보도 유형별로 보면 양 언론사를 통틀어 해설 기사가 가장 많았고 다음으로 스케치, 스트레이트, 오피니언, 기타, 인터뷰 순이었다. 신문사별로 보면 국제신문은 스케치와 해설 기사의 비중이 비슷한 가운데 스케치 기사가 좀 더 많았다. 한편 부산일보는 해설 기사가 압도적으로 많았고, 다음으로 스트레이트나 오피니언 기사가 많았다. 이에 따르면 양 언론 모두 종합적인 보도에 중점을 두는 가운데 부산일보는 기자가 사실을 종합적으로 정리해 보도하는 해설의

비중이 높았고, 국제신문은 현장감을 살려 정보나 발언의 출처를 인용하는 형태로 보도하는 스케치 형식의 기사가 많았다. 양 신문사의 이러한 특징은 양 신문사의 기사를 같은 유형별로 비교해보면 더욱 두드러지게 나타난다. 국제신문은 부산일보에 비해 스케치 기사가 압도적으로 많고, 부산일보는 국제신문에 비해 해설 기사와 오피니언 기사가 훨씬 많은 것으로 나타난다. 이로 미루어 국제신문은 사건 보도과정에서부터 현장감을 살려 여러 각도(출처)에서 전달하려는 보도 경향을 띠었다. 반면 부산일보는 기자가 종합적으로 관련 기사를 정리해주는 해설 기사와 함께 각계 전문가의 오피니언을 통해 다양하고 심층적으로 보도하는 경향을 띠었다.

다음은 시간의 경과에 따라 10일 단위로 국제신문의 보도 유형별 기사의 추이를 살펴보고자 한다.

〈보도 유형별 기사 수의 추이 : 국제신문〉

약10일 간격＼신문이름	오피니언	스트레이트	스케치	해설	인터뷰	기타	합계
① 2012.8.10 ~ 8.20	8	3	23	20	1	3	58
② 8.21 ~ 8.31	5	9	10	14	0	11	49
③ 9.1 ~ 9.10	3	3	4	3	0	3	16
④ 9.11 ~ 9.20	1	2	3	3	1	3	13
⑤ 9.21 ~ 9.30	2	1	5	5	0	0	13
⑥ 10.1 ~ 10.10	1	1	5	4	0	3	14
⑦ 10.11 ~ 10.20	0	2	3	0	0	0	5
⑧ 10.21 ~ 10.31	1	5	4	3	0	2	15
⑨ 11.1 ~ 11.10	2	0	1	2	0	0	5
⑩ 11.11 ~ 11.20	0	0	4	1	0	0	5

⑪ 11.21 ~ 11.30	0	0	2	3	0	0	5
⑫ 12.1 ~ 12.10	1	0	2	1	0	0	4
⑬ 12.11 ~ 12.20	1	0	2	2	0	0	5
⑭ 12.21 ~ 12.31	0	1	2	3	0	1	7
⑮ 2013.1.1. ~ 1.10	0	0	2	2	0	1	5
⑯ 1.11 ~ 1.20	0	0	1	1	0	0	2
⑰ 1.21 ~ 1.31	1	1	2	1	2	1	8
⑱ 2.1 ~ 2.10	0	2	3	2	0	1	8
⑲ 2.11 ~ 2.20	0	3	2	3	0	0	8
⑳ 2.21 ~ 2.28	0	2	2	2	0	0	6
합계	26	35	82	75	4	29	251

위의 표에서 국제신문은 대통령 독도방문 첫 20일 동안은 스케치와 해설 기사가 주였고, 두 유형이 비슷한 분포를 보였다. 6개월 뒤에도 국제신문은 스케치와 해설 보도가 대세였다. 특징적인 현상은 MB독도방문 후 한 달 동안 10일 단위로 스케치 기사의 빈도가 이전에 비해 반토막으로 감소되었다는 점이다. 이는 스케치 기사의 속성상 사건 직후에 스케치 기사가 집중되었기 때문이다.

〈보도 유형별 기사 수의 추이 : 부산일보〉

약10일 간격 \ 신문이름	오피니언	스트레이트	스케치	해설	인터뷰	기타	합계
① 2012.8.10 ~ 8.20	11	7	10	25	1	3	57
② 8.21 ~ 8.31	9	12	5	14	0	4	44
③ 9.1 ~ 9.10	2	2	2	6	0	2	14
④ 9.11 ~ 9.20	0	1	3	3	1	0	8

⑤ 9.21 ~ 9.30	4	1	1	4	0	0	10
⑥ 10.1 ~ 10.10	2	1	3	7	1	1	15
⑦ 10.11 ~ 10.20	2	1	1	3	0	0	7
⑧ 10.21 ~ 10.31	3	3	6	3	0	1	16
⑨ 11.1 ~ 11.10	0	1	0	2	0	3	6
⑩ 11.11 ~ 11.20	0	1	0	0	2	1	4
⑪ 11.21 ~ 11.30	1	3	0	1	0	0	5
⑫ 12.1 ~ 12.10	0	0	1	1	0	0	2
⑬ 12.11 ~ 12.20	1	1	1	4	1	0	8
⑭ 12.21 ~ 12.31	3	0	0	3	0	1	7
⑮ 2013.1.1. ~ 1.10	1	2	0	1	0	0	4
⑯ 1.11 ~ 1.20	0	1	0	0	0	0	1
⑰ 1.21 ~ 1.31	1	1	0	5	0	1	8
⑱ 2.1 ~ 2.10	1	2	1	3	1	0	8
⑲ 2.11 ~ 2.20	0	2	0	2	0	0	4
⑳ 2.21 ~ 2.28	2	2	0	5	0	2	11
합계	43	44	34	92	7	19	239

위의 표에 따르면 부산일보의 독도 관련 기사 유형은 해설 기사가 대세였다. MB 독도방문 이후 20일 동안뿐 아니라 이어지는 6개월 동안에도 해설 기사가 압도적으로 많았다. 해설 분야를 제외하면 MB 독도방문이후 10일 동안은 오피니언이나 스케치 기사가 많았고, 그 다음 10일 동안은 스트레이트 기사가 더 많아져 스트레이트 기사 빈도가 해설 기사 빈도에 거의 근접한 정도까지 증가했다.

〈보도 내용별 기사 수〉

	주제-원인	주제-대책	주제-영향	일화-사건	일화-반응	기타	합계
국제신문	6	35	42	61	60	47	251
부산일보	12	31	35	49	64	48	239
합계	18	66	77	110	124	95	490

위의 표에서 두 신문을 통틀어 그리고 각 신문사별로도 독도 관련 사안에 대한 양국과 각계의 반응에 관한 보도가 가장 높은 빈도를 차지했으며, 다음으로 사건 전달, 기타, 한일독도갈등으로 인한 영향, 이에 대한 대책, 한일독도갈등의 원인 순의 빈도로 보도되었다. 두 신문 모두 기타로 분류되는 기사가 많았으며, 기타 기사의 빈도도 거의 같았다. 이는 독도를 부분적으로 언급한 기사가 많았다는 뜻으로, 그만큼 독도가 생활화되어 다루어지고 있었다는 뜻으로 해석할 수 있다. 한편 두 신문 가운데 국제신문은 사건 보도와 반응 보도의 빈도가 거의 같았던 반면, 부산일보는 반응에 관한 보도가 사건 보도보다 훨씬 많았다. 그리고 원인에 관한 보도는 부산일보가 국제신문보다 2배 더 많았다. 이러한 현상 역시 각 신문사의 취향이나 특징을 반영한다고 하겠다.

다음은 10일 간격으로 시간의 경과에 따라 국제신문의 보도내용별 기사의 추이를 살펴보고자 한다.

〈보도 내용별 기사 수의 추이 : 국제신문〉

약10일 간격\신문이름	주제-원인	주제-대책	주제-영향	일화-사건	일화-반응	기타	합계
① 2012.8.10~8.20	3	8	8	13	20	6	58
② 8.21 ~ 8.31	2	2	4	11	17	13	49
③ 9.1 ~ 9.10	1	6	1	3	1	4	16
④ 9.11 ~ 9.20	0	4	2	2	2	3	13
⑤ 9.21 ~ 9.30	0	2	5	2	3	1	13
⑥ 10.1 ~ 10.10	0	3	5	0	0	6	14
⑦ 10.11 ~ 10.20	0	0	1	4	0	0	5
⑧ 10.21 ~ 10.31	0	2	2	8	1	2	15
⑨ 11.1 ~ 11.10	0	2	2	1	0	0	5
⑩ 11.11 ~ 11.20	0	0	2	3	0	0	5
⑪ 11.21 ~ 11.30	0	2	0	1	2	0	5
⑫ 12.1 ~ 12.10	0	1	2	1	0	0	4
⑬ 12.11 ~ 12.20	0	1	0	2	1	1	5
⑭ 12.21 ~ 12.31	0	0	1	2	1	3	7
⑮ 2013.1.1~1.10	0	0	0	2	1	2	5
⑯ 1.11 ~ 1.20	0	0	0	0	2	0	2
⑰ 1.21 ~ 1.31	0	0	0	1	5	2	8
⑱ 2.1 ~ 2.10	0	0	3	2	2	1	8
⑲ 2.11 ~ 2.20	0	2	3	1	0	2	8
⑳ 2.21 ~ 2.28	0	0	1	2	2	1	6
합계	6	35	42	61	60	47	251

위의 표에서 국제신문의 경우 MB 독도방문 이후 20일 동안 집중적으로 기사가 쏟아내는 가운데 첫 10일 동안, 그리고 그 다음 10일 동안에도 반응에 대한 보도가 가장 많았고 그 다음으로 사건에 대한 보도가 뒤를 이었다. 그런데 시간이 흐르면서 7개월이 경과되는 시

점에서 사건 보도와 반응 보도의 빈도가 비슷해졌다.

다음은 부산일보의 보도내용별 기사를 10일 간격으로 분류 정리한 도표이다.

〈보도 내용별 기사 수의 추이 : 부산일보〉

	주제-원인	주제-대책	주제-영향	일화-사건	일화-반응	기타	합계
① 2012.8.10~8.20	5	11	6	7	22	6	57
② 8.21 ~ 8.31	3	3	8	6	20	4	44
③ 9.1 ~ 9.10	1	1	2	4	4	2	14
④ 9.11 ~ 9.20	0	1	0	1	2	4	8
⑤ 9.21 ~ 9.30	1	1	0	1	5	2	10
⑥ 10.1 ~ 10.10	0	3	3	4	1	4	15
⑦ 10.11 ~ 10.20	0	3	1	2	0	1	7
⑧ 10.21 ~ 10.31	2	1	1	7	1	4	16
⑨ 11.1 ~ 11.10	0	0	0	1	1	4	6
⑩ 11.11 ~ 11.20	0	1	1	0	1	1	4
⑪ 11.21 ~ 11.30	0	2	1	0	1	1	5
⑫ 12.1 ~ 12.10	0	0	1	1	0	0	2
⑬ 12.11 ~ 12.20	0	2	2	0	2	2	8
⑭ 12.21 ~ 12.31	0	1	1	2	1	2	7
⑮ 2013.1.1~1.10	0	1	1	2	0	0	4
⑯ 1.11 ~ 1.20	0	0	0	0	1	0	1
⑰ 1.21 ~ 1.31	0	0	3	2	0	3	8
⑱ 2.1 ~ 2.10	0	0	3	4	0	1	8
⑲ 2.11 ~ 2.20	0	0	1	2	0	1	4
⑳ 2.21 ~ 2.28	0	0	0	3	2	6	11
합계	12	31	35	49	64	48	239

위의 표에서 부산일보는 MB 독도방문 직후 10일 동안, 그 다음 10일 동안, 이후 6개월을 통틀어서도 '반응'에 관한 기사가 압도적으로 많았다. 그리고 MB 독도방문 직후 10일 동안 한일독도갈등과 관련해 반응 다음으로 보도 빈도가 높았던 부문으로 '대책'을 촉구하는 기사가 비교적 많았다. 그 다음 10일 동안에는 대책 관련 기사 수가 대폭 줄어든 대신 MB 독도방문의 영향과 한일독도갈등으로 인한 영향에 관한 기사가 소폭 상승했다. 곧 부산일보는 반응 기사가 압도적으로 우세한 가운데 MB 독도방문 직후에는 우리 정부의 대책에 그리고 MB 독도방문 후 10일 이후에는 MB 독도방문의 영향에 관심이 많았다.

3. 주제별로 본 독도문제 인식

1) 이명박 대통령의 독도방문

MB 독도방문에 대한 시각이 나타나있는 양 언론의 기사 수는 다음과 같다.

⟨MB 독도방문에 대한 시각⟩

신문사 \ 논조	중립적	긍정적	비판적	합
국제신문	3	3	8	14
부산일보	7	5	3	15

MB 독도방문에 대한 평가가 포함된 양 언론의 기사는 29건이었다. 국제신문의 경우 비판적 논조의 기사가 많았고, 부산일보는 중립적 논조의 기사가 많았다. 국제신문은 관련기사 14건 가운데 8건이 비판적, 3건이 긍정적, 3건이 중립적 입장을 취했다. 국제신문의 8월 기사는 중립적, 긍정적, 비판적 논조가 같은 빈도로 나타나 대체로 중립적 논조였다. MB 독도방문 당일 기사를 보면 중립적 논조 1건, 비판적 논조 1건, 긍정적 논조 3건으로 시각의 균형을 유지하면서도 긍정적 논조가 짙다. 그러나 곧 13일 중립적 기사 2건, 14~15일 비판적 기사 2건으로 부정적 분위기가 우세해졌고, 이어 9월 기사 5건은 모두 비판적 논조로 보도되었다. 8월에는 국민의 지지 여론이 우세했지만, 어느 정도 시간이 경과하고 한일독도갈등으로 인한 문제나 불이익이 사회 전반에 걸쳐 가시화되기 시작하면서 우려와 부정적인 시각이 증가했음을 알 수 있다.

한편 부산일보는 관련기사 15건 가운데 7건이 중립적, 5건이 긍정적, 3건이 비판적인 논조로 대체로 중립적 논조였다. MB 독도방문에 대한 평가적 시각의 기사는 8월 24일자까지 곧 독도방문 2주내의 기간에 집중되었다. MB 독도방문 당일 긍정적, 중립적 논조의 기사가 함께 실렸고, 다음날인 11일에는 중립적 논조의 기사만 2건, 그리고 광복절인 15일에는 중립적 기사 1건, 긍정적 기사 2건, 비판적 기사 1건이 함께 실려 균형 잡힌 시각으로 보도되었다.

양 언론사를 논조를 굳이 비교하자면 부산일보가 국제신문보다 긍정적 기사 및 중립적 기사가 많았고, 국제신문이 부산일보보다 비판적 논조의 기사가 많았다. 그럼에도 전반적으로 양 언론은 MB 독도방문에 대해 긍정적으로 평가하는 입장과 부정적으로 평가하는 입장을 함께 실어 독자의 판단에 맡기는 방식으로 중립적 입장을 취했다. 한일독도갈등에 대해 양 언론이 선동적이거나 감성적으로 대응하지 않고 오히려 냉정하고 이성적으로 대처했음을 알 수 있다.

다음은 MB 독도방문에 대한 국내 각계의 반응을 정치권, 기자 및 필자, 국민여론으로 나누어 살펴보도록 하겠다. 대체로 여당은 긍정적, 야당은 비판적 견해를 표명했다. 그리고 기자 및 필자(기고자)의 경우 긍정적인 면과 부정적인 면을 함께 제시하며 앞으로의 대책과 해법을 촉구하는 내용이 많았다. 반면 여론조사 결과 MB 독도방문을 지지하는 국민이 80%를 넘었다. 국민의 대다수가 독도방문을 통한 MB의 "대일 강경 메시지와 공개 압박 외교"에 압도적인 지지를 보냈다.3 전문가나 지식인의 경우 중립적인 견해 표명과 냉정한 대처를 주문하며 오피니언 리더의 책임을 다하고자한 측면이 있었지만, 국민적 정서는 MB의 독도방문과 일왕사과발언을 지지하며 그와는 다른 양상으로 전개되었음을 알 수 있다.

MB 독도방문을 긍정적으로 보는 주된 근거로 독도가 우리 땅이라는 사실을 대내외에 선포하고 대한민국 대통령으로서 국토수호 의지를 대내외에 천명한 것이라고 보는 시각이다. 대통령이 직접 나서 일본의 도발에 쐐기를 박고 한국의 입장을 행동으로 분명히 보여준 것으로, 종래의 "조용한 외교"에서 탈피해 단호한 태도와 적극적 대응이 필요하다는 입장이었다.4 MB 독도방문은 일본의 반성과 사과

---

3 「한일 미래 위해선 일본의 진정한 사과가 우선」『부산일보』 2012.8.15., 23면.

를 촉구하는 종래의 방법으로는 더 이상 진전이 없다는 판단에 따른 조처였다.5 이에 따라 MB 독도방문에 대한 긍정적 논조의 기사는 이 사건을 "역사적인 첫발" "현직 대통령의 역사상 첫 독도방문"이라고 보도하고 있음을 볼 수 있다.6

〈긍정적 논조의 기사〉

국제신문	부산일보
독도 간 이대통령 "우리 땅 지키자" (8.10)	이 대통령 독도방문은 역사의 순리다 (8.10)
"잇단 일 도발 용서 못한다" 경고 메세지 (8.10)	한·일 미래 위해선 일본의 진정한 사과가 우선 (8.15)
'국토의 막내' 찾아간 MB, 영토 수호 의지 대내외 과시 (8.10)	'우리 땅' 독도를 가다 (8.15)
	국민 76% "독도 발언 계속해야"(8.24)
	독도와 대통령 (8.24)

〈비판적 논조의 기사〉

국제신문	부산일보
대통령 독도방문, 이벤트성 그쳐선 안 된다 (8.10)	극일 다음에 해야 할 일 (8.15)
'광복' 의미 새기며 독도문제 냉철히 바라봐야 (8.14)	독도문제 일 전방위 공세, 우리 정부 대책 뭔가 (8.20)
대통령 독도방문에 묻힌 독도과학기지 (8.15)	한일관계 어려울수록 민간교류는 계속돼야 (8.22)
일 독도 영유권 주장 전략적 대응 필요 (9.4)	

---

4 「독도 간 이대통령 "우리 땅 지키자"」『국제신문』 2012.8.10., 1면 ; 「이 대통령 독도방문은 역사의 순리다」『부산일보』 2012.8.10., 27면 사설.
5 「한일 미래 위해선 일본의 진정한 사과가 우선」『부산일보』 2012.8.15., 23면.
6 「'국토의 막내' 찾아간 MB, 영토수호의지 대내외 과시」『국제신문』 2012.8.10., 3면.

'일왕 사과' 발언 놓고 우왕좌왕 하는 청와대 (9.10)	
독도사태의 교훈 (9.10)	
포퓰리즘 수렁에 빠진 한국 (9.12)	
'중매인'의 책무 (9.23)	

〈중립적 논조의 기사〉

국제신문	부산일보
"실효 지배 이슈화 의미" "일본 전략에 말린 것" (8.10)	독도 전격 방문 배경 "실효적 지배" 전 세계에 천명, 행동으로 일본 도발에 쐐기 (8.10)
야 "MB 독도 방문, 정치적 꼼수", 여 "폄하 도리 아냐" (8.13)	MB독도방문 각계 반응 "용기 있는 결단" vs "정치적 이벤트" (8.11)
MB 독도 방문 명분 실익 논란 확산 (8.13)	독도방문 정치권 반응, 청와대 "국정장악 동력회복 도움" 기대감, 민주 "국면전환용", 새누리 "영토수호 의지" (8.11)
	대통령의 독도 언행 (8.14)
	임기말 MB 연일 강공책 왜? (8.14)
	MB 대일 압박 전략 '외교적 입지' 논란 (8.15)
	'독도방문 후폭풍에 어정쩡한 민주당' (8.22)

반면 MB 독도방문에 대해 비판적 논조의 기사는 첫째, 현저히 떨어진 지지도를 만회하고 국정을 장악하기 위한 국면전환용 정치이벤트라고 보았다. 이해찬 민주통합당 대표는 "깜짝쇼...아주 나쁜 통치 행위"라고 비판했다.[7] 이는 "포퓰리즘"으로 대중의 정서와 분노에 편승한 정치해법이라는 지적이었다.[8] 둘째, 한일관계를 악화시키고

---

[7] 「임기말 MB 연일 강공책 왜?」 『부산일보』 2012.8.14., 5면.

독도를 분쟁지역화해 결국 국가이익을 저해한다고 보았다. 이번 한일독도갈등이 일본 우익의 발호를 넘어 일본 국민들까지 국수주의적 입장을 취하게 만들어 과거사를 뒤집기하려는 빌미를 주었다는 지적이었다.[9] 셋째, MB정권이 파국으로 내몬 외교정책의 부담을 다음 대통령과 다음 정권이 그대로 떠안아야 한다는 점이었다.[10] 넷째, 실효지배정책의 후퇴를 가져왔다는 점이었다. 이러한 비판은 MB 독도방문 자체를 대상으로 한 것이 아니라 사후 대응과 밀접한 관련이 있었다. 독도방문이 일회성 이벤트가 아니라 단호한 독도수호 의지에서 나온 것이라면 사후 대응도 일관성이 있어야한다는 논리였다.[11] 그러나 MB정부는 MB 독도방문으로 인한 일본의 반발에 대응하며 위한 조처가 2009년부터 추진해온 독도 해양과학기지 건설 잠정 중단, 20여년간 실시해오던 독도수호 군사훈련 축소, 예정되어 있던 해병대 독도상륙훈련의 전격 취소였다.[12] 특히 해양시설물 건설은 실효지배를 위한 것인데, 예정되어 있던 건설을 중단한 것은 후퇴적인 조처로 인식되었다.[13] 일회성 순시보다는 실효지배를 위한 정중동의 움직임, 예를 들어 해양시설물 건설이 더 나은 정책이라는 의미였다. 다섯째, 마지막까지 아껴야 할 카드를 썼다는 지적이었다.[14] 여섯째,

---

8 「포퓰리즘 수렁에 빠진 한국」『국제신문』 2012. 9.12, 30면 사설.
9 「독도사태의 교훈」『국제신문』 2012.9.10., 31면.
10 「극일 다음에 해야할 일」『부산일보』 2012.8.15., 23면.
11 「'일왕 사과' 발언 놓고 우왕좌왕 하는 청와대」『국제신문』 2012.9.10., 31면 사설.
12 「독도사태의 교훈」『국제신문』 2012.9.10., 31면.
13 「대통령 독도방문에 묻힌 과학기지」『국제신문』 2012.8.15.,26면.
14 「대통령 독도방문 이벤트성 그쳐서는 안된다」『국제신문』 2012.8.10., 23면 사설.

MB 독도방문은 전략적 실수라는 지적이었다. 강상중 도쿄대 교수는 MB의 행보를 "일본의 내부 사정과 동아시아 역사를 고려하지 않았고 결국 *동북아 민족주의라는 판도라의 상자*만 연 꼴이 됐다"고 평가했다. 그리고 일본의 내부사정과 일본인의 심리상태를 연관시켜 한일독도갈등현상을 분석했다. 이에 따르면 일본의 대지진과 쓰나미로 인한 방사능 누출사고 이후 일본인의 심리상태, 동아시아에서 독도, 센카쿠, 쿠릴열도 등 영토분쟁을 겪으며 느끼는 일본인의 고립감과 피해의식이 1923년 관동대지진 때와 비슷하다는 것이었다.[15] 이는 일본정부가 1923년 일본국민의 분노를 재일조선인에게 향하게 해 조선인대학살을 조장했듯이, 오늘날 국내 상황에 대한 일본인의 불만과 분노를 대외영토분쟁으로 돌리고자 한다는 분석이었다. 일곱째, MB 독도방문 그 자체보다는 이후 대통령의 관련발언들이 너무 가벼웠다는 점에서 비판의 대상이 되었다.[16]

한편 부산지역 언론에 나타난 'MB 독도방문에 대한 민주당의 반응'은 언론과 국민여론의 향배에 따라 갈팡질팡하는 모습을 보였다. 부산지역 언론이 MB 독도방문 당일부터 이에 대한 긍정적, 비판적, 중립적 의견을 개진하기 시작했던데 비해, 민주당은 MB 독도방문 이후 3일간 아무 반응이 없다가 13일에야 공세적 입장을 취하며 비판적 견해를 표명하기 시작했다. 이언주 원내대변인은 "대통령의 정치적 꼼수가 국익 손실의 위험을 초래하고 있다"고 논평하며 MB의

---

15 「강상중 도쿄대 교수 "MB 독도방문은 전략적 실수"」『부산일보』2012.8.19., 인터넷판.
16 「'광복' 의미 새기며 독도 문제 냉철히 바라봐야」『국제신문』2012.8.14., 23면 사설.

정치적 의도에 의혹을 제기했다.17 MB 독도방문에 대한 이해찬 민주통합당 대표의 비판도 8월 14일에 나온 것이었다.18 그러나 이처럼 MB 독도방문을 비판하던 민주당은 국민여론이 MB 독도방문을 지지하며 일본의 원죄를 성토하는 쪽으로 쏠리자 MB 독도방문 자체를 문제 삼기는 어렵다는 판단 하에 MB 독도방문을 "환영" "지지"하는 입장으로 전환했다.19

전반적으로 MB 독도방문에 대한 부산지역 언론의 초점은 '독도방문이 치밀하고 냉철한 전략적 판단에서 나온 것인가' '치밀한 대응방안이 마련되어 있는가'에 맞추어져 있었다.20 치밀하고 조직적인 홍보외교로 우호적인 국제여론 형성에 탁월한 능력을 발휘하는 일본에 대응하기 위해서는 명분과 논리를 철저하게 준비해야 한다는 것이 요지였다.21

2) 한일갈등과 동북아정세

일본의 정치인들은 장기간 지속된 경제 불황과 이로 인한 정치적 위기를 모면하고 집권하기 위한 수단으로 독도문제를 이슈화해왔다. 그리고 MB 독도방문 이후부터는 한일독도갈등을 적극적으로 정치

---

17 「야 "MB 독도방문, 정치적 꼼수"여 "폄하 도리 아냐"」『국제신문』 2012.8.13., 2면.
18 「임기말 MB 연일 강공책 왜?」『부산일보』 2012.8.14., 5면.
19 「'독도방문 후폭풍'에 어정쩡한 민주당」『부산일보』 2012.8.22., 4면.
20 「대통령의 독도 언행」『부산일보』 2012.8.14, 26면.
21 「독도문제와 국제사법재판소」『부산일보』 2012.8.15., 22면.

에 이용하기 시작했다.

이후 일본정부는 우리 정부에게 "독도영유권문제를 국제사법재판소(ICJ)에 제소"하자고 제안했다. 정부 관계자의 말을 인용한 국제신문의 보도에 따르면 이는 "우리 주권을 직접 흔드는 도발행위"로 총선을 앞두고 10%대 지지율로 고전하는 일본 노다 내각의 '자국 내 결속용'이자 국제적으로는 독도를 분쟁지역화하겠다는 계산이 깔려 있었다.22

또한 국제신문은 2010.11 메드베데프 러시아 대통령의 쿠릴열도 남방섬(일본명 북방영토) 전격방문, 홍콩시위대의 센카쿠 열도 불법상륙에는 유연하게 대처했던 일본이 유달리 MB 독도방문에 대해서는 민감한 반응과 강력한 도발로 대응하는 저의에 주목했다. 그리하여 이는 일본이 부담스럽게 여기는 중국과의 분쟁을 피하는 대신 독도에 집중하겠다는 의도이며, 센카쿠열도와 쿠릴열도 영유권문제에 있어 일본국민들의 반발을 무마하는 차원에서 독도를 희생양으로 삼는 것이라고 분석했다.23 이상에서 국제신문은 현 상황을 다각적으로 분석해 독자가 현실을 냉정하게 직시하는데 도움을 주고자 했다.

부산지역 언론은 MB 독도방문의 파장이 한일관계뿐만 아니라 동북아 국제정세에도 영향을 미쳤다고 분석했다. 우선 국제신문에서는 MB 독도방문 이후 대만의 반응을 보도했다. 이에 따르면 대만정치

---

22 「단호한 우리 정부, 일본 "독도문제 ICJ 제소"」「일 '불응 땐 조정 절차 밟겠다", 한 "우리 땅, 분쟁대상 아니다"」『국제신문』2012.8.17., 3면 ; 「일 '독도, 분쟁지 만들기' 파상공세, '잃을 것 없는 꽃놀이패' 판단」『국제신문』2012.8.19, 3면.
23 「'경제전쟁'으로 번진 독도분쟁, 신중한 대처를」『국제신문』2012.8.19., 27면 사설.

권은 마잉주 총통이 직접 영유권 분쟁도서지역인 타이핑다오를 방문하라는 목소리를 높였다. 대만 제1야당은 "영토분쟁에 대응하려면 평화선언과 같은 유화제스로는 부족하다"면서 적극적인 행동을 요구했다.[24] 이와 같은 대만 정치계의 분위기를 보도한 것은 MB 독도방문 초기 이를 긍정적으로 평가하는 여론 형성에 일정한 영향을 미쳤을 것이다. 어떻든 MB 독도방문은 대만 정계를 자극했고, 결국 대만 총통은 센카쿠 열도와 인접한 대만 관할의 최북단 섬을 방문하는 것으로 대응해야 했다.[25]

또한 MB 독도방문은 홍콩활동가들이 센카쿠 섬에 상륙하는 기폭제가 되었다.[26] 일본정부는 MB 독도방문이 있기 전에 이미 센카쿠에 대한 안정적인 관리와 실효적 지배 강화를 위해 섬을 국유화하고 항구와 등대를 설치한다는 방침을 세워놓고 있었다.[27] 이에 대해 중국과 대만이 반발하는 가운데 MB의 전격적인 독도방문에 영감을 받은 홍콩활동가들이 8월 15일 댜오위다오(釣魚島 · 일본명 센카쿠〈尖閣〉열도)에 상륙했다.[28] 이는 자국 국민의 보호를 위해 중국과 대만의 순시선까지 센카쿠 섬 근해에 출동해 일본 순시선과 팽팽하게 대치하

---

24 「대만 정치권 "한국대통령에게 배워야"」『국제신문』 2012.8.13., 6면.
25 「대만 총통, 센카쿠 인접 섬 방문」『국제신문』 2012.9.7., 10면.
26 「중화권 민간단체, 오늘밤 댜오위다오(일본명 센카쿠) 상륙」『부산일보』 2012.8.14., 14면.
27 「日, '뜨거운 감자' 센카쿠에 항구 · 등대 설치」『부산일보』 2012.7.20, 13면 ; 「日 "센카쿠제도 국유화"… 中 · 대만 반발」『부산일보』 2012.7.9, 14면.
28 「중화권 민간단체, 오늘 밤 댜오위다오(일본명 센카쿠 열도) 상륙」『부산일보』 2012.8.14., 14면 ; 「홍콩 시위대 댜오위다오 상륙」『부산일보』 2012.8.16.

는 양상으로 전개되었다. 한일갈등이 중일갈등으로 확산되었던 것이다. 일본은 센카쿠에 상륙한 홍콩 시위대를 2일 만에 전격 송환했지만, 중국에서는 연일 반일시위가 확산되었다. 게다가 19일에는 일본의 지방의회 의원과 민간인 등 10명의 시위대가 센카쿠에 상륙했다. 이에 대만의 지방의회 의원들이 댜오위다오를 찾아 영토주권을 선언하는 행사를 개최하기로 결의하는 등 MB의 전격적인 독도방문은 홍콩, 중공, 대만 등 중국인의 민족주의를 자극해 중일영토분쟁을 격화시켰다.29

이러한 가운데 언론에서는 동북아 국제정세 속에서 독도문제와 한국정세를 분석하고자 했다. 국제신문은 사진을 활용해 한중일 갈등을 시각적으로 설명하고자 했다. 서울 종로구 일본대사관 앞에서 진행된 일본군위안부 문제해결 촉구시위 사진, 센카쿠(일명 댜오위다오) 열도에 상륙한 뒤 일본 해상보안청에 체포되어 이송되는 홍콩활동가의 사진, 이명박 대통령의 독도방문과 가수 김장훈의 독도횡단을 규탄하는 도쿄 일본인의 시위 사진. 이 3장을 같은 크기로 나란히 배치해 동북아 삼각구도와 갈등격화를 한 눈에 들어오게 배치해 효과적으로 이슈를 전달하고자 했다.30

무엇보다도 부산지역 언론은 한일갈등을 양국관계로만 보지 않고 한중일, 미국, 동남아국가, 러시아와의 관계 속에서 폭넓게 조망하며 동북아 정세와 국제관계라는 큰 그림에서 파악해 독자들에게 전달하

---

29 「대만 지방의원도 센카쿠로, 일 사면초가」 『국제신문』 2012.8.20., 6면.
30 『국제신문』 2012.8.15., 3면.

고자 했다.31

국제신문은 독도에 대한 일본의 야욕과 함께 이어도에 대한 중국의 야욕에도 대비해야한다며 국제적인 균형감각을 주문했다.32 실제로 중국은 해양패권주의를 공공연하게 드러내고 있는 실정이었다. 아시아 태평양 지역의 영토분쟁은 한일, 중일 간의 갈등일 뿐만 아니라 중국 대 동남아 각국(필리핀 등)과의 갈등이기도 했다. 따라서 중국이 독도와 과거사문제에 있어 한국과 협력하며 일본에 공동 대응하는 우호세력이 될 수 있지만 동시에 해양패권을 확대하며 한국의 이어도 영유권에 도전하는 적대세력이 될 수도 있으니 경계하고 대비해야 한다고 지적했다.33

그리하여 우리 정부가 일본의 영토야욕과 중국의 해양패권주의에 맞서 독도·이어도 영유권 수호를 위한 해상전력 증강방안을 강구하는 한편 해양생태자원에 관한 특성화연구를 통해 독도영유권을 강화할 목적으로 울릉도에 '울릉도·독도 해양연구기지'를 건설을 계획하고 있다고 보도했다. 또한 일본정부의 전방위 로비전에 대비해 우리 정부 역시 홍보예산을 확보했지만, 일본의 독도 관련 홍보예산은 우리의 3배에 달하는 실정이라고 보도하며 예산확보가 관건이라고 지적했다. 이를 통해 국제신문은 영토수호문제는 감정적 대응이 아니

---

31 러시아는 일본의 북방영토 영유권 주장에 대응하고 자국의 실효지배를 과시하기 위해 군사훈련을 실시했다.
32 「'경제전쟁'으로 번진 독도분쟁, 신중한 대처를」 『국제신문』 2012.8.19., 27면 사설 ; 「이대통령 "정부, 독도·이어도 경비 더욱 강화"」 『국제신문』 2012.9.24., 4면.
33 「일 총리 "일본땅 센카쿠, 영유권 타협 없다"」 『국제신문』 2012.9.27., 13면.

라 경제력이 뒷받침된 군사력과 실효지배, 외교홍보력 강화가 관건이라는 점을 환기했다.[34]

한편 부산일보는 동북아 국제정세 속에서 일련의 상황을 자세하게 분석해서 보도했다. 동북아 삼국의 영토분쟁을 "동북아에 신냉전 시대가 도래했다" "동북아 신냉전 위기고조"라고 표현하며 삼국의 갈등상황과 국민감정의 악화를 중점적으로 보도했다.[35] 정문수 한국해양대 교수는 한중일 영토분쟁과 동북아정세를 "해양굴기"로 설명했다. 해양은 군사력, 경제력을 좌우하는 국부의 원천으로, 한중일 영토분쟁은 미국과 중국의 해양굴기와도 밀접한 관련이 있다고 분석했다.[36] 일본뿐 아니라 중국 역시 '해양굴기'를 앞세우며 해양영토분쟁을 곳곳에서 일으키고 있는 것이 동북아 국제정세의 현주소였다.[37] 그리하여 선진 각국이 21세기 본격적인 해양개발시대의 도래를 예측하며 경쟁적으로 해양탐사기술개발에 나서고 있는 상황에서 해양영토분쟁이 격화될 것이라고 전망했다.[38] 중국의 성장에는 한국의 이어도를 둘러싼 한중간의 갈등이 내재되어 있다는 지적이었다. 향후 10년간 중국을 이끌 시진핑 총서기는 "중화민족의 부활"을 표명하며 "강한 중국"을 강조하는 상황이었다. 이와 함께 일본의 아베

---

34 「독도·이어도 수호에 기동전단 3~4개 필요」 『국제신문』 2012.10.7., 2면 ; 「150억 울릉도·독도 해양기지 무용지물」 『국제신문』 2012.10.7., 21면 ; 「구글 이어 애플도 친일 독도 표기, 정부는 뭐 했나」 『국제신문』 2012.11.1., 23면 사설.
35 「한중일 긴장 고조, 냉정과 이성 되찾아야」 『부산일보』 2012.8.16.,23면 사설.
36 「21세기 해양굴기」 『부산일보』 2012.8.22., 30면.
37 「미래 내다보는 해양과학투자 필요」 『국제신문』 2012.8.26., 26면.
38 「바다의 길, 대륙의 길, 그리고 4대강」 『국제신문』 2013.1.29., 26면.

총리가 강조하는 "아름다운 나라"는 중국의 급부상과 일본의 장기침체로 흔들린 일본의 자존심, "강한 일본"을 되찾자는 의미라고 분석했다. 동북아 갈등에 대한 부산일보의 논조 역시 일본과 중국의 패권주의를 양방으로 경계해야 한다는 것이었다.[39]

이와 함께 부산지역 언론은 과거사와 영유권문제를 둘러싼 한중일 갈등을 동북아 국제정세와 미국의 역학관계라는 다자적 관점에서 보아야 한다고 지적했다. 국제신문의 경우 한일독도갈등을 중재하는 미국 클린턴 국무장관의 역할과 미국의 입장을 자세하게 보도해 국제정세 속에서 한일갈등이라는 구도를 독자에게 전달하고자 했다. 동아시아는 물론 세계적으로 강국으로 부상하는 중국을 견제하는데 필요한 핵심 동맹국인 한국과 일본의 분열을 내버려둘 수 없는 것이 미국의 입장이며, 이는 한국 내 반일정서가 강해지면서 과거 식민지지배라는 동병상련을 갖고 있는 중국에 대한 우호적 감정의 고조를 경계하는 의미가 담겨있다고 분석했다.[40] 같은 맥락에서 커트 캠벨 미 국무부 동아시아태평양 담당 차관보는 상원 외교위원회 동아시아태평양 소위원회가 개최한 청문회에서 센카쿠 영유권을 둘러싼 중일갈등과 대립에 대해 센카쿠열도는 미일상호방위조약 적용 대상이라고 밝혔다. 또한 그는 미국이 독도영유권을 둘러싼 한일갈등에 수개월간 지속적으로 개입해왔으며, 강제, 협박, 무력에 반대하고 평화적인 접근을 권고했다고 설명했다.[41] 결국 미국은 동아시

---

39 「아베 일본내각에 결핍된 것」 『부산일보』 2013.1.9., 31면.
40 「"핵심 동맹국 분열 안 돼" 중재 나선 미국」 『국제신문』 2012.9.10., 14면.
41 「센카쿠, 미일 방위조약 대상」 『국제신문』 2012.9.22., 10면.

아의 영토분쟁과 과거사문제에 있어 중국 패권주의를 견제하는 선에서 현상유지를 바라는 입장을 취했다. 국제신문은 "동아시아 안보 영향을 우려한 미국의 중재로 한일정부간 교류가 본격적으로 재개됐다"고 보도했는데 이는 동북아 국제정세에서 미국의 역할을 보여주는 대목이다.[42]

국제신문은 일본이 장기불황에 따른 일본국민의 정치권에 대한 불만과 중국의 급성장에 따른 위기감을 우경화로 해결하려 하며, 미국은 중국을 견제하기 위해 일본의 우경화 광폭을 제어할 의지가 없다고 지적했다.[43] 그리하여 "동북아시아에서는 영토 및 과거사 문제를 둘러싼 관련국 간의 마찰과 갈등 소지가 높다. 나아가 지역패권을 놓고 주요국 간의 갈등도 증가하는 이른바 '이중갈등' 국면에 휩싸일 전망이다. 여기에 미중간 경쟁도 치열해질 것으로 보인다. 하지만 이러한 갈등 소지에도 힘의 우위에 기초한 미국 오바마 행정부가 동북아 균형자 역할을 유지하고 보다 높은 다자차원의 기구를 통해 동북아 지역안보를 안정적으로 관리할 가능성도 있다"고 전망했다.[44]

국제신문은 2012년 9월 말 개최되는 제67차 유엔총회에서 한국과 중국은 일본이 왜곡된 역사관을 바꿔야한다며 협공을 펼치는 전략을 구사할 것인 반면, 일본은 영토문제와 관련해 법의 지배를 강조하는

---

42 「일 '독도 단독 제소' 차기 정권으로」『국제신문』2012.11.26., 6면.
43 「대선주자들, 주변국 외교는 관심 없나」『국제신문』2012.12.9., 26면.
44 「경제력 업은 중, 동북아서 미 견제, 일 '우향우'로 주변국 긴장」『국제신문』2012. 12.31., 7면.

전략을 들고 나올 것이라고 분석했다. 또한 차기 일본총리로 유력시 되는 자민당 총재 아베는 아시아 국가들과의 우호보다 미국과의 동맹을 중시하는 인물로 아베가 집권하면 한국, 중국 등 주변국과의 마찰이 심화될 것으로 전망했다.[45]

한중일 영토분쟁에 있어 일본은 이중적으로 대처해왔다. 독도는 국제분쟁지역으로 부각시키고, 반대로 센카쿠는 중국과 영토분쟁과 충돌이 실제로 있음에도 불구하고 영토분쟁이 없다고 천명하며 실효지배를 공고히 한다는 이른바 "이중기준" "이중성" 전략을 취했다.[46] 이와 함께 한일독도갈등 이후 일본은 독도를 분쟁지역화해서 자국의 이익에 부합하도록 한다는 정책의 연장선상에서 대외홍보전과 외교 활동을 더욱 강화했다. 이 결과 인도는 동북아지도에서 일본해를 동해로 고쳤다가 일본정부의 항의로 인해 다시 일본해라고 발표하는 해프닝을 벌였다. 또한 구글과 애플의 지도 표시에도 일본의 영향력이 나타났다.

또한 일본의 우경화가 극심해졌다. 특히 일본의 정치인들은 장기간 지속된 경기침체와 이로 인한 정치적 위기를 모면하고 집권하기 위한 수단으로 독도문제를 이슈화해 민족주의를 자극하며 국수주의

---

45 「영토분쟁 한중일, 유엔총회서 치열한 외교전」『국제신문』 2012.9.25., 15면 ; 「극우파 아베 신조, 일 자민당 총재 선출, 한·중과 영토·역사 분쟁 마찰 심화 예고」『국제신문』 2012.9.26., 6면.

46 「일 영토문제 '더블 스탠더드(이중기준)'로 자승자박」『국제신문』 2012.9.23., 15면 ; 「이중기준」『국제신문』 2012.9.24., 31면 사설 ; 「일 영토야욕, 안팎서 거센 역풍」『국제신문』 2012.9.28., 6면 ; 「김성환 장관 "일 독도영유권 주장은 제2의 침략"」『국제신문』 2012.9.28., 6면.

를 전면에 내걸었다. 이와 함께 위안부 동원에 대한 책임을 전면적으로 부정하며 고노담화를 수정하고 시마네현이 주관하던 다케시마의 날을 중앙정부 행사로 승격시키겠다는 의지를 표명하며 도발적인 태도를 견지했다. 그리고 MB 독도방문 6개월 뒤 일본정부는 센카쿠섬, 북방영토, 독도의 영토문제를 총괄적으로 담당하는 부서를 신설했다.

국제신문은 일본정부가 독도문제를 다룰 전담부서를 신설하기로 한데 대해 "독도를 둘러싼 한일관계가 중대한 위기국면으로 진입"한 것이며, "기존의 시마네현 차원에서 제기해왔던 독도문제를 중앙정부 차원으로 격상한데다 한국의 새 정부가 공식 출범하기 전에 이같은 카드를 꺼내 들었다는 것은 도전적인 의도를 노골화한 것"이라고 분석했다. 또한 외교관계자의 말을 인용해 "일본이 독도를 센카쿠, 북방영토와 묶어 정권 차원의 핵심과제로 다루기 시작했다"는 의미라고 설명했다. 이에 대해 국제신문은 일본의 민주당 정권이 2009년 중일센카쿠 열도갈등, 2012 MB 독도방문으로 인한 일본국민의 불만과 여론 악화로 집권 3년만에 실권한 반면 자민당은 이 상황을 이용해 집권한 만큼 아베 신조 내각이 영토문제를 핵심과제로 다루지 않을 수 없는 환경이라고 분석했다. 어떻든 국제신문은 일본의 영토전담부서 설치를 한국과 차기 정권에 대한 노골적인 도전, 심각한 위기라고 인식했다.[47]

박근혜 후보자가 차기 대통령에 당선되자 일본의 차기 총재 아베

---

[47] 「일 영토 침탈야욕 노골화, 한일갈등 격화 예고」 『국제신문』 2013.2.5., 14면.

신조 자민당 총재는 종합적인 외교상황을 감안해 다케시마의 날 행사를 중앙정부 차원에서 개최하겠다는 공약 이행을 유보하기로 하면서 한일관계 조기 개선에 나선 듯했다. 이는 한일관계 악화가 중국을 유리하게 만들 뿐이라는 인식에서 나온 것이었다.[48] 이에 따라 행사에 각료 등 정부관계자의 출석을 자제하고 당 간부들이 참여하기로 하는 듯 했다.[49] 그러나 이러한 유화적 제스처는 결국 영토전담부서 설치에 대한 반발을 무디게 하기 위한 연막전이었다. 왜냐하면 최종적으로 이 행사에는 차관급 중앙정부 관료(해양정책·영토문제 담당 내각부 정무관)와 역대 최다 국회의원(현직 21명)이 참석해 사실상 중앙정부차원의 행사로 격상되어 치러졌기 때문이다.[50]

기본적으로 한일독도갈등은 일본제국주의 침략의 역사에 뿌리를 두고 있으며, 전쟁을 일으킨 전범이면서 반성과 진정성 없는 자세에 기인한 것이었다. 갈등해소와 관계개선, 협력의 해법은 양국의 신뢰회복에 있다. 그리고 신뢰회복은 한국의 독도영유권을 인정하고 과거사에 대한 진정한 반성과 배상책임을 질 때 가능한 것이다. 양국간에는 군사안보적, 경제적 협력의 필요성이 존재하지만, 실제로 일본은 미국과의 우호관계 속에서 실리를 챙기며 한국과 중국과의 관계개선에는 성의를 보이지 않고 있다. 우선 일본군위안부(성노예)문제 등 과거사문제와 독도문제에 대한 시각은 극과 극이다. 일본은

---

48 「일 아베 '다케시마의 날' 정부 개최 유보」 『국제신문』 2012.12.21., 2면.
49 「내달 다케시마의 날 행사에 일 자민당 간부들 참석 예정」 『국제신문』 2013.1.27., 14면.
50 「일 '다케시마의 날' 강행, 정부 강력 항의」 『국제신문』 2013.2.22., 2면.

위안부강제동원의 증거가 없다며 책임을 회피하고 있다. 이는 MB 독도방문을 촉발한 주요요인이었다. 한국의 입장에서 일본의 독도영유권 주장은 "침략행위"이며, MB 독도방문에 대한 일본의 항의는 "내정간섭"이다. 반면 일본은 한국이 독도를 불법적으로 점유하고 있다고 주장한다. 따라서 양국의 입장은 평행선을 달리고 접점이 없어 해결방법이 없는 형편이다.

3) 한일관계와 민간교류

일본정부가 MB 독도방문에 대응해 경제보복을 검토하는 가운데 국제신문은 한일독도갈등 직후부터 양국갈등이 관광경제와 함께 민간교류에 악영향을 미치고 있다는 점을 부각했다. 한일갈등으로 인한 교류의 단절이 자유무역협상 등 경제협력 전반에 충격을 가해 양국의 항공업계, 관광업계 등 민간차원의 경제에 악영향을 미칠 것이라고 우려했다.[51] 또한 양국 갈등은 양국민 간의 신뢰저하로 이어져 장기적으로 한국경제에 부정적인 영향을 미칠 수 있다고 전망했다.[52] 국제신문은 8월 24일 1면 기사를 통해 한일독도갈등이 부산관광경제에 미친 마이너스 영향을 대대적으로 보도했다. JR큐슈고속선(주) 부산지점의 경우 한국방문을 추진하던 일본 측 자치단체나 학생단체가 두 나라의 관계 악화가 부담스럽다는 이유를 내세우며 예약을 취소하는 사태가 줄을 잇는 등 한국과 일본의 갈등수위가 점차

---

51 「한일관계 격랑 속으로」『국제신문』 2012.8.16., 3면.
52 「국내 유입 일 자금 18조」『국제신문』 2012.8.21., 17면.

높아지면서 양국을 오가는 방문객들이 줄어 항공, 선박, 관광업계가 전전긍긍하고 있다는 내용이었다.53 국제신문은 MB 독도방문 3개월 후 다시 독도문제로 경색된 양국관계로 인해 지역 관광업계가 타격을 입고 있다고 보도했다. 양국갈등이 악화되면서 부산을 찾는 일본관광객이 급감해 호텔과 여행사, 부산시와 부산관광컨벤션뷰로가 일본관광객 유치에 총력전을 기울이고 있다는 내용이었다.54

반면 부산일보는 관광객의 증감을 호텔예약에 중점을 두고 조사하다보니 국제신문에 비해 상대적으로 느긋한 자세를 보였다.

그러나 2013년으로 해가 바뀌면서 양 언론 모두 일본관광객 감소로 부산경제가 받는 타격이 크다며 이 문제를 심각하게 보도했다. 국제신문은 그래프를 제시해 2012년 부산을 방문한 중화권관광객 수가 일본관광객 수를 앞질렀다고 보도하며, 일본관광객은 현상 유지되고 있는 반면 중국권 관광객은 급증하고 있다는 관점에서 부산에 오는 외국인 관광객의 추이를 분석했다.55 한편 국제신문은 관련 업계와 상인들의 말을 인용해 일본관광객 감소현상의 원인을 복합적으로 분석했다. 가장 주요한 원인으로 독도문제로 양국의 정치적 긴장감이 높아지면서 일본정부가 자국여행사들에게 한국관광상품 판매와 홍보를 자제하도록 암묵적인 압력을 행사했다고 보는 업계의 시각을 소개했다. 다음으로 일본정부의 양적 완화정책으로 인한 엔저

---

53 「한일민간교류도 얼어붙는다, 반한·반일감정 확산 우려」『국제신문』 2012.8.24., 1면.
54 「발길만 돌릴 수 있다면, 일본고객 잡기 안간힘」『국제신문』 2012.11.16., 11면.
55 「작년 부산 중화권 관광객 수, 일본 첫 추월」『국제신문』 2013.2.5., 15면.

현상이 일본인 관광객 감소에 결정타였다고 분석했다. 이 가운데 가장 특징적인 점은 일본인 관광객의 심리현상에 주목해 관광객 감소 현상을 분석한 것이었다. 한일갈등과 양국의 국민감정이 악화되면서 "한국에 가면 안전한가"를 묻는 일본인이 있음을 지적했다. 이와 함께 100엔에 800원 하던 시절에도 관광객은 많았다는 사례를 들며 여행지로 한국을 기피하는 일본인의 정서적인 움츠림 곧 반한감정이 더 큰 문제라는 시각을 소개했다.56 그러나 결국 부산의 일본관광객 급감에는 경제적 요인 곧 엔저현상으로 일본관광객의 소비심리 및 소비규모가 축소된 것이 가장 큰 요인으로 작용했다는 분석이었다. 예를 들어 일본인 관광객의 바로미터인 자갈치시장과 국제시장에서의 김 판매가 절반으로 줄었다는 것이다.57

한 해 양국 국민 500만 명이 오갈 정도로 민간 및 경제 협력이 왕성한 상황에서 일본정부는 MB 독도방문 이후 일련의 조처를 통해 한국과의 모든 공적 대화와 교류를 중단했다. 일본 국내에서도 비정상적이라는 비판론이 부상할 정도의 강경조처였다.58 이처럼 한일갈등으로 인한 경제적 손실이 명백한 가운데 민간차원에서 두 나라(국민) 사이에 문화교류, 경제교류를 통한 관계개선과 경제개선을 도모하고자 했다. 부산지역 언론의 보도는 이러한 민간의 분위기를 반영

---

56 「"20년 관광가이드 생활 중 최악" 부산 일어안내사 엔저에 '눈물'」『국제신문』 2013.2.6., 15면.
57 「김 20만원씩 사가더니 만원에도 벌벌」『국제신문』 2013.2.17., 16면
58 「정부 '일 총리 유감 서한' 반송키로, 일, 외신에 "독도 일본땅" 기자회견」『국제신문』 2012.8.22., 2면.

하고 있다. MB 독도방문으로 촉발된 양국 간 외교 단절, 문화교류 단절, 경제 단절의 상황에서도 민간에서는 한일관계 개선의 실마리를 모색하고자 했다.

한일독도갈등이 격화되기 시작한 가운데 국제신문은 원불교 부산진교당 주임교무의 글을 게재했다. 이 필자는 "악연도 인연이니 공을 들여 선연으로 가꾸어야 한다"는 논지를 전개했다. 그는 우리가 간과하고 지나간 점을 지적했는데 한국 올림픽축구팀 코치가 일본인이며 따라서 대일본전 승리는 일본인 코치의 협력으로 이뤄진 결과이기도 하다는 점에서 희망을 발견했다고 말했다. 이는 한일갈등과 국민정서가 격화되는 가운데서도 민간차원의 교류와 같이 쉬운 문제에서부터 해법을 찾아나가며 한일관계를 개선해나가자는 취지였다.[59]

비슷한 맥락에서 국제신문은 부산에서 활동하는 한 시인의 시가 일본 시 전문지에 실리고 일본에서 시집이 출간된다는 소식을 보도했다. 이 시인은 독립운동가이자 무정부주의자 박열과 함께 일본 왕을 살해하려다 옥사한 일본인 부인 가네코 후미코를 조명하는 시를 지었다. 독도영유권 분쟁으로 민감한 시기임에도 일본 시문학계에서 이러한 경력의 일본여성에 관한 시를 지은 한국시인의 시를 게재했다는 점에서 주목하게 되었다고 보도했다. 한일갈등과 국민감정의 악화 와중에서 박열의 부인 가네코 후미코는 한일관계에 시사점을 주는 상징적 인물로 부각되었다. 한일양국갈등은 경색국면이었지만

---

[59] 「이종화 교무의 생활 속 마음공부」 『국제신문』 2012.8.17., 17면.

국제신문은 한국 또는 한국인을 이해하는 일본인을 끊임없이 소개하며 갈등 완화의 방안을 모색했다는 점이 특징적이었다.60

한일독도갈등이 정면대결양상으로 확대되는 가운데 국제신문은 부산문화재단 주최로 일본 시모노세키시(혼슈 야마구치현) 일원에서 '조선통신사' 행렬이 성공적으로 재현되었다고 보도했다. 이와 함께 아사히신문 등 일본 언론도 이 행사를 "양국 민간의 우호 모드" "우정의 행렬"이라고 지칭하며 긍정적으로 보도했다며 일본현지 분위기를 전했다. 이 보도에는 "문화교류를 통한 이해증진이 정치적 갈등해소에 도움을 줄 것"이라는 민간의 기대가 반영되어 있었다.61 해가 바뀌자 국제신문은 다시 '조선통신사의 유네스코 세계문화유산 등재'를 첫 한일정상회담 의제로 하자고 제의했다. 핵심은 부산의 관광수익 창출이라는 경제적 이익에 있지만, 멀리는 양국 문화와 경제 교류 활성화에 기여한다며 이를 한일갈등 해법으로 제시했다. 그러나 해법의 열쇠는 신뢰에 있기에 실현되기까지 시간이 필요한 것으로 전망되었다.62

비슷한 맥락에서 국제신문은 관광자원의 개발과 활용이란 관점에서 나가노현 시나노에 있는 치유의 숲을 취재해 보도했다. 이는 8월 15일 취재된 내용으로 한일독도갈등 이후 한류방송을 의도적으로 차단했던 일본과 대비되는 행보로 한일 민간차원의 문화교류 노력의

---

60 「조선남자를 사랑해 자명고 찢은 여인, 한 편의 시가 되어 일본으로 돌아갔네」『국제신문』 2012.9.20., 17면.
61 「한일 살얼음 긴장에도 우정의 걸음 뜨거웠다」『국제신문』 2012.8.27., 22면.
62 「조선통신사를 세계문화유산으로」『국제신문』 2013.1.21., 8면.

일환이라고 하겠다.63 이어 국제신문은 "악연이 인연되어 만난 곳, 가라쓰, 낯선 땅 낯익은 역사"라는 제목 하에 일본의 가라쓰를 탐방한 기사를 게재했다. 가라쓰는 백제 무령왕의 탄생지이며 일본이 임진왜란의 전초기지이자 강제로 끌려간 조선도공에 의해 한국도자기가 최초로 전해진 곳이었다.64 또한 국제신문은 부산 동구 범일동에 있는 조선통신사 역사관을 찾은 일본대학생들의 사진과 함께 조선통신사를 유네스코 세계문화유산에 등재해 부산의 문화브랜드로 키우자는 취지로 관련 내용을 상세하게 보도했다. 이를 통해 "조선통신사 행렬 재현"에서 나아가 "다문화시대 평화와 공존"이라는 가치를 재조명하고자 했다. 이처럼 부산지역 언론은 위안부와 독도를 둘러싼 한일갈등의 와중에도 부산지역의 역사문화·관광자원 개발과 활성화를 통해 관광수요를 창출하고 관광객을 유치해 지역경제를 살리자는 부산시민의 염원을 적극 반영하는 보도경향을 유지했다. 대표적으로 조선통신사는 임진왜란과 정유재란 등 전쟁으로 인한 갈등과 단절을 극복하고 이루어진 국제문화교류의 효시라는 점에서 한일독도갈등으로 단절된 한일교류를 다시 잇는 해법으로 제시되었다. 울산 석계서원은 최초의 조선통신사 충숙공 이예의 사당이 있는 곳으로 이예는 한일화해와 문화교류의 상징적 인물로 부각되었다. 통신이란 신의를 나눈다는 의미로 조선통신사를 통한 교류는 신뢰를 기반으로 한 조선과 에도막부의 평화와 선린우호를 상징했다. 부산지

---

63 「세계 속 힐링 … '치유의 성지'에서 국내 삼림욕장의 미래를 만나다」『국제신문』 2012. 8.30, 36면.
64 「일본 가라쓰시 돌아보기」『국제신문』 2012.9.6., 26면.

역 언론의 조선통신사 관련 보도는 한편으로 한일갈등이란 현실에서 한일관계 개선에는 신뢰가 전제되어야 한다는 점을 역설적으로 보여주는 것이기도 했다.[65]

이외에도 8월 31일자 국제신문은 한일갈등에도 경상남도와 야마구치현은 스포츠 친선교류를 이어오며 우의를 다지고 있다고 보도했다.[66]

부산지역 언론은 이웃 나라와의 협력, 그리고 협력의 확대가 필요하다는데 의견을 같이 했다. 이러한 맥락에서 국제신문은 10월 서울에서 개최된 "한중일 협력사무국 창설 1주년 기념 학술회의"에 대해 보도했고, 부산일보는 "한일 후쿠오카 포럼"에 대해 보도했다. 이러한 보도는 삼국간의 협력 확대 노력은 양자관계의 대립 완화에 도움이 될 수 있다는 가능성을 제시했다는데 의의가 있었지만 실현가능성은 희박했다.[67]

MB의 독도방문과 일왕사과발언 이후 한일외교 갈등이 심화되면서 경제와 한류에 상당한 영향을 미쳤다. 이미 8월 16일자 국제신문은 경제와 문화 분야에 대한 일본의 압박을 구체적으로 가시화해 보도했다.[68] 한일독도갈등 이후 일본사회에서는 의식적으로 한류를 차단하는 양상이 나타났다. 한국연예인을 좋아하며 한류팬임을 자처했

---

65 「조선통신사 '유네스코 유산' 등재 본격 추진」 『국제신문』 2012.8.30., 41면.
66 「경남-일 야마구치현 친선 15년째 이어져」 『국제신문』 2012.8.31., 8면.
67 「한중일 삼국 간 협력과 한국의 역할」 『국제신문』 2012.10.28., 26면.
68 「한일관계 격랑 속으로, 경제・한류 등 전방위로 불똥 튄다」 『국제신문』 2012.8.16., 3면.

던 정치인(겐바 고이치로 외무상)과 정치인의 부인(노다 총리의 부인)은 자신이 한국연예인의 CD를 버렸으며 이제는 한류가 싫다고 공개적으로 밝혔다.[69] 일본 TV방송에서는 한국연예인을 출현시키지 않았고, 예정되어 있던 한국드라마 방영을 취소했다.[70] 이외에도 일본사회에서 극우파의 혐한시위가 일어났다. 이러한 부산지역 언론의 보도는 한일관계 개선에 있어 민간의 교류가 중요하다는 인식에 바탕을 두고 있으면서도 일본의 정치적 태도에 문제가 있다는 시각을 반영하는 것이었다.

4. 맺음말

이상에서 MB 독도방문에서부터 박근혜대통령 취임 직전까지 국제신문, 부산일보를 중심으로 부산지역 언론의 독도 관련 보도 경향과 인식에 대해 살펴보았다. 부산지역 언론이라 비슷한 보도경향을 띨 것이라는 애초의 생각과 달리 두 신문사는 보도 분야, 형식, 내용에 있어 고유의 특징이 있었다.

보도 분야에 있어 국제신문은 정치 분야에서 부산일보보다 독도 관련보도가 많았다. 반면 부산일보는 오피니언 분야에서 국제신문보다 독도 관련 보도가 많았다. 이는 독도와 관련해 국제신문은 정치

---

[69] 「한일 외무상도 "위안부 강제동원 없었다" 노다총리 발언 공개적 지지」 『국제신문』 2012.8.29., 6면.
[70] 「한일관계 격랑 속으로, 경제·한류 등 전방위로 불똥 튄다」 『국제신문』 2012.8.16., 3면.

적 이슈에 관심이 많았고, 부산일보는 전문가, 전담기자, 교수의 전문성이 담긴 견해를 많이 반영하고자 했다.

보도 유형에 있어 국제신문은 스케치와 해설 기사의 비중이 비슷한 가운데 스케치 기사가 가장 많았다. 반면 부산일보는 해설 기사가 압도적으로 많았다. 유형별로 두 신문사의 보도를 비교하면, 국제신문은 부산일보에 비해 스케치 기사가 월등하게 많고, 부산일보는 국제신문에 비해 해설과 오피니언 기사가 훨씬 많다. 따라서 국제신문은 현장감을 살려 여러 각도 및 출처를 인용해 보도하는 경향이 많았다. 반면 부산일보는 기자의 종합적 보도인 해설기사가 우세한 가운데 동시에 오피니언 분야에서 심층적으로 관련 기사를 다루고자 하는 경향이 많았다.

보도내용별로 보면 두 신문사 모두 한일독도갈등에 대한 각계의 반응을 보도한 기사가 가장 많았다. 다음으로 사건전달, 기타, 영향, 대책, 원인 순으로 보도되었다. 의외로 두 신문 모두 기타로 분류된 독도 관련 기사가 많았는데, 이는 이 시기 독도가 각 분야에서 생활화되어 언급되고 있었음을 뜻한다.

『국제신문』과 『부산일보』는 MB 독도방문에 대해 전반적으로 중립적 입장을 취했다는 점, MB 독도방문 직후 정치 분야에 집중되었던 독도 관련 기사가 시간이 갈수록 동북아 정세와 국제관계 속에서 파악되고 있다는 점, 한일갈등 상황에서도 경제현실을 고려해 한일교류와 협력을 모색했다는 점에서는 공통된 인식과 보도경향을 띠고 있었다.

독도문제와 관련한 한일 언론의 보도 경향 분석

김 영[*]

1. 머리말

올해 6월 일본의 아베 정부는 사상 최초로 '독도에 관한 특별여론조사'를 실시했다.[1] '독도문제'에 대해 일본의 국민의식을 조사 및 이에 대한 의견수렴을 통하여, 금후 독도에 관한 정부시책에 참고하기 위함이라 한다. 이에 우리정부는 외교부 대변인 논평을 통해, 이는 '일본 정부가 내각부 여론조사를 빙자하여 역사적 · 지리적 · 국제법적으로 명백한 우리 고유 영토인 독도에 대한 도발적 행동을 취한 것'이라고 강력히 항의했다. 일본 국민 3천명을 대상으로 하여, 유효회수율이 59.5%에 불과했지만 이번 여론조사가 시사하는 바는 크다고 볼 수 있다.

---

[*] 대구한의대학교 일본어과 교수
[1] 「竹島に關する特別世論調査」전국 20세 이상의 일본국적을 소유한 자 3천명을 대상으로 유효회수율 59.5%, 조사기간 2013년 6월 20일-6월 30일, 조사방법은 조사원에 의한 개별면접청취에 의했다. (출처: http://www8.cao.go.jp/survey/tokubetu/tindex-h25.html), 센카쿠 열도에 관해서도 특별여론조사를 실시했다.

이번 일본 내각부의 '독도에 관한 특별여론조사' 조사 항목은 6가지로 요약된다.

(1) 독도에 관한 인지
(2) 독도에 대한 인지내용
(3) 독도에의 인지경로
(4) 독도에 대한 관심도
(5) 독도에 대한 관심내용·관심이 없는 이유
(6) 독도에의 관심을 높이기 위한 대처

먼저, (1) '독도에 관해 알고 있는가'라는 질문에 대해, 94.5%가 '알고 있다'고 응답했는데, 59%의 응답율에 불과했지만 응답한 대부분의 일본 국민은 독도의 존재에 대해 인지하고 있었다. 이는 최근 몇 년간 발생했던 독도관련 분쟁사안들이 언론에 보도되고 정보가 확산되면서, 독도에 관한 많은 정보들을 일본인들이 접하고 독도의 존재에 대해 인지하게 되었다고 볼 수 있다.

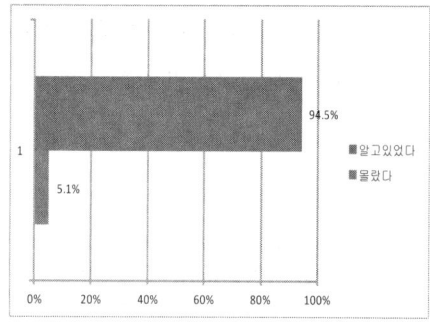

(2)에서는, 그럼 (1)질문에 '알고 있다'고 대답한 응답자들에게 독도에 관해 알고 있는 내용이 무엇인지 복수응답을 요구하여, 상위 5항목을 추려내었다.

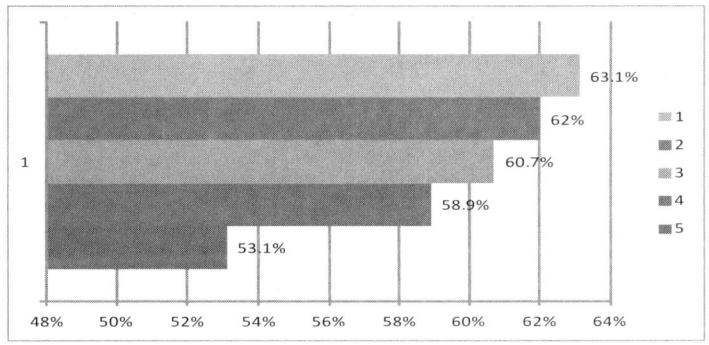

1. 독도에서는 현재도 한국이 경비대원등을 상주시키는 등 불법점거를 계속하고 있다 (63.1%)
2. 독도는 시마네현에 속한다 (62%)
3. 독도는 역사적으로도 국제법상으로도 명백히 일본고유의 영토다(60.7)
4. 독도는 일본해 남서부에 위치한다(58.9%)
5. 일본은 한국이 독도에 관한 어떤 조치를 할 때마다 한국에 항의하고 있다(53.1)

(2)의 조사 항목을 살펴보면, 독도는 '일본 고유의 영토'라는 전제하에 의도적으로 만들어진 내용이라 볼 수 있다. 특히 독도 사안과 관련해 일본과 한국과의 현 상황을 '대치와 갈등' 국면으로 몰아가려는 강한 의도가 엿보인다. 그리고 무엇보다 독도의 존재를 인지하고 있다하더라도, 독도에 관한 구체적인 상황이나 정확한 정보까지 인지하고 있는 정도는 낮다고 볼 수 있다.

(3)에서는 '독도에의 인지경로'에 대해, 복수응답을 요구한 결과 텔레비전과 라디오가 96.1%, 신문이 67.4%를 차지했다. 매스미디어를 통해 독도문제를 접하는 경우가 대부분이었고, 이 외에도 잡지와 서적이 16.6%, 가족과 지인을 통해 인지하게 되었다는 응답이 9%로 미미한 수치를 기록했다. 기타에는 수상관저나 외무성 홈페이지 이외 인터넷 정보를 통해서, 그리고 학교 수업을 통해 알게 되었다는 응답이 나왔다.

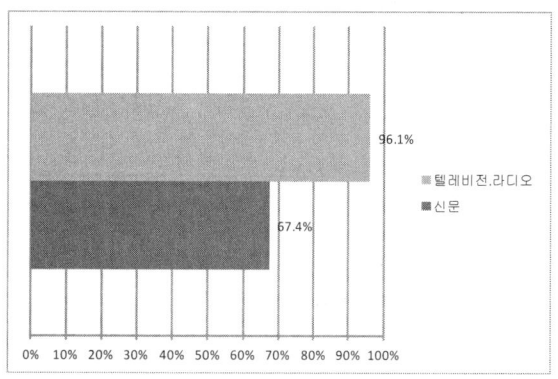

예상대로 대표적인 미디어 언론이라 할 수 있는 텔레비전과 라디오, 신문, 서적, 인터넷 등의 응답이 나왔고, 향후 이러한 매스미디어를 통해 독도에 관한 정보가 전파되고 확산될 것임은 명백하다.

(4)독도에 관한 관심도를 묻는 질문에 대해서는, '관심이 있다'[관심이 있다(27.5%)+관심이 있는 편이다(43.6%)]는 응답이 71.1%였으며, '관심이 없다'[관심이 없는 편이다(18.1%)+관심이 없다(9.9%)]가 28%

였다. 과반수 이상의 일본 국민이 독도에 대한 관심을 나타냈다고 볼 수 있다. 그리고 독도에 관한 관심을 표현한 응답자들에게 독도의 어떤 것에 관심이 있는지, 관심내용에 대해 질문했더니, (5)의 응답에서 무엇보다 '일본의 독도 영유권에 대한 정당성(67.1%)'에 가장 큰 관심을 보였고, 그리고 '독도에 관한 역사적 경위(53.9%)'와 '일본 정부와 지방자치단체의 대응·대처상황(38.6%)' 순으로 관심을 나타냈다. 이는 무엇보다 국민의 내셔널리즘을 자극하는 영토분쟁과 영유권 갈등문제에 일본 국민이 가장 민감하게 반응하고 있음을 시사한다. 그 외에는, '독도 주변 지하자원과 수산자원에 대한 관심(35.6%)' 및 '한국과 일본 이외의 각국 지역의 태도(29.6%)' 등의 응답이 나왔다.

그리고 일부(28%)의 '독도에 관심이 없다(혹은 관심이 없는 편이다)'고 의사 표시한 응답자에 대해서는, 관심이 없는 이유에 관해 질문했다. 이에 대해, ①'자신의 생활에 그다지 영향이 없기 때문에(54.9%)' ②'독도에 관해 알 수 있는 기회나 생각할 기회가 없었기 때문에(41.3%)'라는 응답이 제일 많았다.

마지막으로 (6) 독도에 대한 관심을 높이기 위한 홍보활동 및 정부의 대처에 대한 응답에서는, '텔레비전 프로그램과 신문을 이용한 상세한 정보 제공'이 77.8%로 가장 높았고, 이어서 '역사적 자료와 문헌 전람회의 개최(31.2%)', '보기 쉽고 알기 쉬운 인터넷 홈페이지 개설(30.7%)' 순으로 나타났다. 그 외에도 '텔레비전 광고를 활용한 홍보(24%)'와 '전국 포스터 게시와 팸플릿 등을 통한 홍보간행물 배포(23.8%)' 등의 응답이 있었다. 이는 향후 일본정부가 독도에 관한 홍보활동을 위해 언론을 적극 활용, 독도에 관한 영유권 주장을 강화해 나갈 것임을 시사한다.

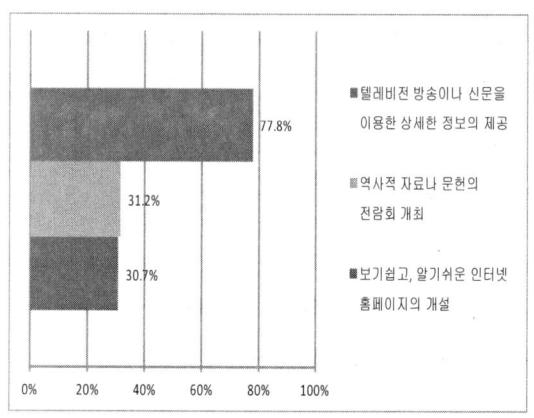

이처럼 일본 정부가 현시점에 독도에 관한 여론조사를 발표한 것은 앞으로 독도(센카쿠 제도/댜오위 다오 포함)문제에 관한 영토분쟁에서 더욱 강경한 태도를 보일 것이며, 앞으로 일본내 보수우경화 현상이 더욱 가속화될 조짐이라 볼 수 있다.

2. 매스미디어에 나타난 독도

최근 세계 각국의 '보수주의 회귀' 현상이 두드러진다. 일본 또한 예외 없이 작년 자민당 정권인 아베 정부의 출범 이후, 한층 보수화·우경화 경향이 짙어지고 있는 것이 사실이다. 이러한 정치적 상황의 배후에는 전 세계적으로 '영토와 국가를 초월해 미디어를 통해 상대국을 비하하거나 자국 우월주의를 내세우는, 새로운 형태의 민족주의'가 대두되고 있는데, 이를 '미디어 내셔널리즘'이라 한다.2

미디어라 하면, 우선 일간지인 신문이 있다. 일본은 세계 제 2위의 신문 소비 국가이며(인구 천 명당 634.5부가 구독, 일본신문협회편호, 2007)이며, 발행부수 세계 4위까지를 모두 보유하고 있는 신문대국이기도 하다.3 〈요미우리신문(読売新聞)〉〈아사히신문(朝日新聞)〉〈마이니치신문(毎日新聞)〉〈니혼게이자이신문(日本経済新聞)〉은 부수와 영향력 면에서 일본 신문을 대표하는 신문으로 인식되고 있다. 예를 들면, 일본 신문은 신문사마다 '독도'의 표기법을 달리하고 있는데, '다케시마(竹島)'라고 표기하는 신문과 '竹島(韓國名·獨島)'라고 병기하는 등의 차이를 보였다. '다케시마(竹島)'라고 표기한 것은 일본의 영토임을 강하게 주장하는 의사 표시이며, 나아가 한국에 대한 강한 반감이 함축되어 있다고 할 수 있다. 이에 비해, '竹島(韓國名·獨島)'처럼 표기한 것은 일본의 입장뿐 아니라 한국의 입장과 주장을 대변하려는 언론사의 의사 표시로 여겨진다.4 진보적이고 좌익성향이 짙은 일간지라 평가받는 〈아사히신문〉〈마이니치신문〉〈도쿄신문〉은

---

2 오이시 유타카(大石裕)는 저서 『미디어 내셔널리즘의 행방(メディア・ナショナリズムの行方)』(朝日新聞社, 2006)에서 "한일 간에 마찰이 발생했을 때 한일 양국의 미디어와 국민여론이 서로 상승작용을 일으켜 내셔널리즘을 증폭시켰으며, 이 같은 양상이 한국사회에서도 나타나 한국인들의 반일감정을 강화시켰다"고 지적했다.

3 2003년 현재 〈요미우리신문〉(1440만부)세계 1위, 〈아사히신문〉(1240만부) 세계 2위, 〈마이니치〉(568만부) 세계3위, 〈닛케이〉(480만부) 세계4위. 출처 http://blog.naver.com/kyckhan(2013.9.20)검색

4 〈표1〉신문사별 독도 표기법(기사에 따라 일부 예외는 있지만 대체적인 표기법은 아래와 같음)

'竹島(韓國名·獨島)'라고 표기하는 반면, 우익성향이 짙고 보수 성향을 대표하는 신문일수록 일본령임을 강조하기 위해 '竹島(島根縣隱岐の島町)'라는 표기방식을 취하고 있다. 이렇게 상이한 표기방식을 취하고 있는 것은 각 신문이 신문사별 논조와 이념성향에 따라 보도 프레임을 달리 유지하고 있음을 상징적으로 나타내고 있는 것이다.

그리고 미디어의 일종인 출판과 인터넷에서 다루어지고 있는 독도문제는 더욱더 일본의 자민족 우월주의를 자극하고 한국과 중국 등 일본과 영토갈등을 빚고 있는 국가에 대해 비판적이고 부정적인 시각을 띠고 있다는 특징이 있다. 예를 들면, 2005년 출판되어 베스트셀러가 되기도 했던, 일본의 만화『혐한류(嫌韓流)』1권은 '독도문제'와 같은 영토문제에 대해 보수우익 논객들의 시각에 선 내용이 대부분이다. 또한 인터넷의 발달로 1999년 개설된 익명의 인터넷 게시판인 '2채널(일본명 니찬네루)'은 독도사안에 대한 신문사의 기사 소스를 재차 인터넷을 통해 확산, 재생산하면서 일본의 보수주의 성향을 가속화시키는 기능을 하고 있다.

이와 같이 독도문제와 같은 영토분쟁은 특별한 내셔널리즘적 성향이 없는 사람도 민감하게 반응하기 마련이며, 이런 특성으로 인해 더욱 용이하게 권력을 가진 미디어에 의해 선택되고 편집된 컨텐츠

아사히신문	竹島(韓國名·獨島)
마이니치신문	竹島(韓國名·獨島)
도쿄신문	竹島(韓國名·獨島)
요미우리신문	竹島
니혼게이자이신문	島根縣 竹島
산케이신문	竹島(島根縣隱岐の島町)

가 일반 대중에게 전파되고 확산되기 쉬운 경향을 가진다.

3. 일본 언론에 나타난 독도방문과 한일관계

2008년에 집권한 이명박 정권은 아시아 외교를 중시하는 후쿠다 야스오 내각의 출범과 함께 한일 양국 관계에 훈풍이 불었다. 이명박 정권은 일본에 대해 비교적 온건한 자세로 임할 방침을 보이며, 소위 한국과 일본은 과거와 미래를 모두 중시하는 실용외교를 기반으로 '미래지향적 성숙한 동반자 관계'를 지향했다. 하지만 최근 일본내 여론조사(2012년 10월, 일본 내각부 주관)에 의하면, 이명박 정권 시기 동안에는 높은 수치를 유지하던 한국에 대한 친근감 정도가 정권말기에 이르면 갑자기 급락하여 거의 전후 최저치라 할 수 있는 수치를 기록하고 있다.

이와 같은 급격한 한일관계 악화의 배경에는 작년 8월 10일 이명박 대통령(당시)의 독도방문이 있었다. 금년 4월 5일자 요미우리신문은 대통령의 독도방문에 관해 극명하게 엇갈린 한일 양국간 국민인식을 조사했는데, 〈이 대통령의 독도방문에 관해서는, 일본에서 '적절하지 않았다'는 대답이 86%를 차지했는데 한국에서는 대조적으로 '적절했다'는 대답이 67%에 달했다. 한일관계를 개선하기 위해 우선하여 해결해야 할 문제(복수대답)에서도, '독도를 둘러싼 문제'가 일본에서 68%, 한국에서 72%에 달해, 1순위로 꼽혔다〉. 즉, 한국인은 독도방문이 '적절했다'가 과반수 이상을 차지한 반면, 일본인은 '적절치 못했다'는 비율이 90% 가까이 차지하여, 한일 양국간 상호인식의 극명한 대조를 이루었다. 앞으로의 한일관계 개선을 위해서는 독도문제가 안정되어야 함을 시사하고 있다.

당시 일본의 6개 신문은 모두 이 전 대통령의 독도방문에 대해 심도 있게 다루었다. 먼저, 〈산케이신문〉은 '한국이 반세기 이상 불법 점거한 일본 영토에 상륙 강행한, 일본의 주권을 짓밟는 행동'이라며 여과 없는 분노를 표했다. 그 외 〈니혼게이자이신문〉의 '장래의 한일관계에 큰 화근을 남기는 어리석은 행동'이라는 비판 외에도, '대통령의 성급함에는, (위안부문제를 뒤집은 것에 더해)한층 실망을 금할 수 없다'(〈요미우리신문〉), '임기 태반은 좋은 관계를 쌓아온 만큼 실망감은 깊다'(〈도쿄신문〉)라고, 이 대통령에 건 기대가 배반당한 것을 강조하는 논조도 보였다. 그리고 위안부문제로 일본에 사죄와 보상을 요구하는 한국의 주장에 이해를 표시하는 〈아사히신문〉은 경제와 과학기술 분야 대화를 그만두면 일본에도 불이익이 발생한다고, '대항조치와 대국적 견지에 선 외교를 현명하게 조직할 필요가 있다'고 지적했다. 〈닛케이신문〉도 대항조치를 경제 분야까지 확대하는 것에 의문을 나타내고, '감정에 맡긴 과잉반응은 신중해야 한다'는 견해를 표시했다.

대부분의 일본 언론들이 독도방문에 관해 부정적이고 공격적인 보도행태를 취하고 있는 데 비해, 일부 진보주의 언론사들은 감정을 자제하고 신중한 태도로 대응해야 함을 강조하고 있다.

4. 한일 신문의 독도방문 기사 분석

1) 분석대상 및 분석기간

본 연구를 위해 한국 신문은 〈조선일보〉, 〈한겨레〉 그리고 일본은 〈아사히신문(朝日新聞)〉, 〈산케이신문(産経新聞)〉을 분석대상으로 하였다. 선정 이유는 전국 종합 일간지의 발행 부수와 신문사의 정치적 성향인데 여기서는 보수지의 성향이 강한 〈조선일보〉와 진보지 성향이 강한 〈한겨레〉를 선택하였다5. 일본 신문의 경우에도 발행부수와 정치적 성향 등을 고려하여 가장 중립적이고 진보적인 성향을 가졌다고 평가되는 〈아사히신문〉과 가장 보수적 성향이 짙은 〈산케이신문〉을 선정하였다.

이와 같이 발행부수와 사회적인 영향력 면에서 파급효과가 크다고 생각되는 한국과 일본 양국의 보수와 진보성향을 지닌 신문 4개를 선택하여 비교 분석하였다. 이것은 서로 상반된 이념성향을 보이는 대표적인 신문 2개씩을 각각 선택함으로써 한일 양국의 인식의 차이점뿐만 아니라6 복합적이고 다층적인 일본인들의 의식구조를 좀 더 명확히 관찰할 수 있다고 생각했기 때문이다.

분석기간은 이명박 전 대통령의 독도방문 시점인 2012년 8월 10일

---

5 한국언론진흥재단(2011)『2011 신문산업 실태조사』pp.154-155/ 언론의 성격은 정치적 성향과 논조에 따라 보수지냐 진보지냐에 의해 달라진다. 〈조선일보〉는 보수 우익의 목소리를 가장 많이 대변하고 있으며 〈한겨레〉는 진보적인 목소리를 대변하는데, 이는 각 신문사의 추구하는 이념이 다르기 때문이다.

6 각 신문이 가지고 있는 진보냐 보수냐에 대한 이념의 시각차는 상대국에 대한 보도에서도 극명한 차이를 보이리라 생각된다.

을 기점으로 8일간, 즉 2012년 8월 10일~8월 18일까지를 분석기간으로 하였다.

〈조선일보〉와 〈한겨레〉는 각각 자회사 홈페이지에서 기사검색 서비스를 이용하여 '독도'라는 키워드 검색을 실행하였고 일본 신문 또한 신문사 홈페이지에서 '竹島'라는 키워드 검색을 사용하여 기사추출을 하였다. 기사추출 후 명백히 독도와 관련이 없다고 판단되는 기사는 제외하는 방식을 채택하여 다음과 같은 신문별 분석대상을 추출하였다.

〈표5〉 신문별 분석대상(단위: 건(%))

신문사	조선일보	한겨레	아사히신문	산케이신문	합계
기사	61(20.3)	83(27.7)	61(20.3)	95(31.7)	300(100)

2) 분석유목

먼저 이명박 전 대통령7의 독도방문을 시작으로 하여 약 일주일간 독도관련 보도가 어느 정도로 쏟아져 나왔는가 알아보기 위해 한일 양국의 각 신문사의 일자별 기사의 양을 추적하기로 한다. 나아가 분석대상 기사의 중심 내용이 무엇이며 어떠한 시각에서 보도되고 있는가를 확인하기 위해 보도기사의 주요 쟁점을 다음과 같이 8가지 주제로 분류하였으며 각 항목은 다음과 같다.

---

7 본 논문에서는 이명박 전 대통령을 편의상 이 전대통령 혹은 MB라는 명칭을 병용한다.

(a) MB의 독도방문 (b) ICJ(국제사법재판소)제소 관련 (c) 독도 세리모니(박종우 축구선수 세리모니, 독도횡단수영) (d) MB의 일왕 사과 발언 (e) 동북아영토갈등 (f) 역사인식, 과거사 문제, 위안부문제 등 (g) 한일 민간 교류 및 반대 시위 (h) 경제 국방 환경(방파제, 과학기지건설)

기사의 논조는 위의 보도기사의 주요 쟁점 8가지 중에서 명확하게 지지와 비판으로 엇갈리는 사안이었던 (a) MB의 독도방문 기사에 대하여 (1)긍정적 (2)부정적 (3)중립적 등 3가지로 분류하였다.

3) 보도의 양적 분석

MB의 독도방문은 우리나라 현직 대통령으로서는 헌정 사상 최초의 사건이었으며 이 사건을 기점으로 한일 양국 언론의 반응은 뜨거웠다. 이와 유사한 사건으로 이 사건 직전인 2012년 7월에 러시아 대통령이었던 메르베데프가 일본과 영유권 분쟁 중이었던 쿠릴열도(일본명: 북방영토)를 방문하였지만 이와는 사뭇 다른 것이 한국과 일본의 반응이다.

아래의 〈표6〉은 MB의 독도방문 이후 급격하게 쏟아지는 기사의 양을 표시한 것이다. 한일 양국 신문 중에서도 일본의 우익성향이 짙은 〈산케이신문〉의 기사 수는 8일간 95건을 나타내고 있으며 〈한겨레〉가 83건, 〈조선일보〉와 〈아사히신문〉이 동일하게 61건의 기사를 싣고 있다. 일자별로 살펴보면, MB의 독도방문이 있은 직후인 8월 11일 기사가 전체 46건으로 가장 많고 8.15 광복절 연설 직후에

40건, 그리고 점점 감소하는 경향을 띠고 있다. 그 중에서도 〈산케이신문〉이 한국 신문보다 가장 많은 기사를 게재하고 있으며 거의 매일 10건 이상의 기사를 보도하고 있음을 알 수 있다.

〈표6〉 독도방문이후 독도관련 기사 게재 건수

신문사/일자	8.10	8.11	8.12	8.13	8.14	8.15	8.16	8.17	8.18	합
조선일보	0	10	0	11	4	5	11	8	12	61
한겨레	11	5	18	11	7	11	7	12	1	83
아사히신문	3	13	4	6	5	5	8	8	9	61
산케이신문	7	18	8	5	11	10	14	10	12	95
합계	21	46	30	33	27	31	40	38	32	

이것은 MB의 독도방문 직후 일본 외교상의 유감표명과 주한 한일 대사의 소환 등이 이어지고 8월 11일에는 런던 올림픽 한일 축구전에서 박종우 선수의 '독도는 우리 땅' 세리모니 논란까지 연달아 발생하기 때문이다. 여기에 더하여 8월 14일에는 다시 MB의 일왕 사과 발언 요구까지 더해지면서 일본 여론은 뜨겁게 달구어지며 일본 우익단체의 반한시위로까지 번지게 된다. 이러한 언론의 보도에 가세하여 일본 텔레비전 방송국도 배우 송일국 씨가 출연하는 드라마 방영을 연기하는 등 일반 대중들의 눈치를 살피는 형국으로 번지게 된다.

이처럼 정치보도가 단기간에 거대한 전파력을 가지고 일본의 일반 대중에게 확산되는 양상은 보기 드문 현상이라 할 수 있다. 특히 보수우익성향이 강한 〈산케이신문〉에서 한국 신문보다 훨씬 더 많은 양의 기사를 싣고 여론을 반영하고 있는 것은 현재 우경화현상이 심화되고 있는 일본의 사회현상과도 깊은 관련이 있을 것이다.

그리고 한국 신문에서도 여당성향이 강한 〈조선일보〉보다는 야당성향이 짙은 〈한겨레〉에서 MB의 독도방문과 일왕 사과 요구 발언에 대한 비판이 가해지면서 많은 양의 기사를 싣게 된다. 이러한 기사의 내용 분석에 관해서는 신문기사의 질적 분석에서 좀 더 자세히 살펴보도록 한다.

〈표7〉 한일 양국 신문의 보도 쟁점별 게재 건수

		한국신문	일본신문
독도관련 기사의 주요 쟁점	MB의 독도방문	29	47
	ICJ(국제사법재판소)제소 관련	9	12
	독도 세리모니 관련 (박종우선수 세리모니, 독도횡단수영)	20	20
	일왕 사과 요구 발언	13	13
	동북아영토갈등	13	10
	역사인식, 과거사 문제	8	9
	한일 민간 교류 및 시위	8	14
	경제 국방 환경 (방파제, 과학기지건설)	9	5
	기타	35	26

〈표7〉은 한일 양국 신문의 보도 쟁점을 주요 주제별로 분류하여 위와 같은 8가지 주제로 나누어진 결과이다. 한국과 일본 양국 모두 MB의 독도 방문에 관해 가장 많은 양의 기사를 게재하고 있는데 이는 예상대로 MB의 독도방문이 한국보다 일본 여론에 더 큰 파장을

불러 일으켰음을 알 수 있다. 일본 신문이 한국 신문보다 2배 정도의 기사 양을 쏟아내며 시시각각 한국 여론의 추이를 촉각을 곤두세우고 보도하고 있다. 이후 이를 계기로 일본 측에서는 독도문제를 국제사법재판소(ICJ)에 제소하려는 움직임과 주한 대사를 소환하는 방침 등이 동시다발적으로 벌어지고 대외적으로는 박종우 선수의 '독도는 우리 땅'세리모니까지 더해진다. 한국 신문이나 일본 신문 모두 MB의 독도 방문 다음으로 '독도 세리모니'에 큰 관심을 갖고 보도하고 있다. 이는 MB의 독도 방문이라는 정치적 사안이 사회적 사안으로 전환되며 엄청난 전파력을 가지고 일반 대중의 핫이슈로 일시에 확산되는 양상을 띠게 되는 것을 의미한다. 이와 관련하여 한국과 일본의 대중들은 SNS나 트위터를 통해 자신의 의사를 적극적으로 표현하는데 한국과 일본의 신문은 이러한 여론 분위기를 내셔널리즘적으로 몰아가는 양상도 나타난다.

이어서 보도된 MB의 일왕 사과 요구 발언에 관해서는 한일 양국 모두 동일한 비중으로 보도하고 있다. 그리고 일본신문은 국내외 민간교류의 지속 및 중지, 그리고 일본 내 우익단체의 반한시위 등을 사실 그대로 전달하는 데 주력하고 있다. 그리고 독도분쟁 뿐만 아니라 중국과 러시아 등과 복잡하게 얽혀 있는 '동북아 영토갈등' 문제에 대해서도 한일 양국 신문 '신냉전시대'라는 타이틀로 특집을 기획하거나 관련 기사를 연재하고 있다.

그럼 다음 장의 〈보도의 질적 분석〉에서는 〈표7〉에 나타난 한일 양국 신문의 보도쟁점에 관해 각 항목별로 신문사별 보도행태를 자세하게 살펴보도록 한다.

4) 보도의 질적 분석

보도의 질적 분석에 있어서는 보도기사의 주요 내용이 무엇이며 언론이 어떤 관점에서 묘사하고 있는가를 확인하기 위해 내용분석 연구방법을 채택했다. 분석유목은 각 신문사별 기사를 리뷰한 뒤 기사의 주요 내용이 무엇인지 분석유목을 정하는 귀납적 접근방법을 선택했다. 여기에서는 이 방법에 의해 분류한 8가지 주제 중에서 비중이 가장 높은 MB의 독도방문 항목에 관하여 질적 분석을 실시했다.

2012년 8월 10일 이명박 전 대통령이 독도를 방문하면서 일본 언론의 국제보도가 집중되었다. 일본 정부는 즉시 주한 대사를 소환하고 독도문제를 국제사법재판소에 회부하겠다고 강경하게 비난하였으며 연이어 통화 스와프 중단 카드까지 꺼내들었다. 연이어 축구선수의 독도세리모니 논란, 일왕 사과요구 발언 등 독도문제는 정치적 사안에서 한일 양국의 내셔널리즘을 자극하는 보도로 연일 국민감정을 뜨겁게 부채질했다. 여기에서는 이러한 일련의 사건의 시발점이 된 현직 대통령의 독도방문에 관한 보도를 분석하고 그 보도에 나타난 한국의 이미지가 어떤 것인지 파악하려고 한다. 즉 일본 언론이 묘사하는 보도를 통해 형성된 한국의 이미지는 무엇인가 일본의 주요 일간지를 중심으로 분석한다.

먼저 한국내 여론도 이 사안에 관해서는 엇갈린 평가를 내리고 있다. 예를 들면, 〈조선일보〉는 다음과 같은 기사를 보도하고 있다.

> 국가원수이자 군 통수권자인 대통령의 독도 방문은 독도 영유권(領有權)을 표현하는 최고 수준의 상징적 조치로, 독도를 분쟁지역화하려는 일본 정부의 끊임없는 시도에 강한 경고를 보낸 것으로 해석된다. (〈조선일보〉 8월 11일자)

> 대통령의 독도 방문은 일본 내의 이런 흐름에 쐐기를 박아야겠다는 판단에 따라 이뤄졌을 것이다. 일본이 지난 100년간 이웃 나라들에 저지른 죄과에 대해 철저한 반성을 하기는커녕, 어정쩡한 반성마저 수시로 뒤집고 종군(從軍) 성노예 문제와 역사왜곡에 대해 적반하장(賊反荷杖) 격의 몰염치한 태도를 보인 데 대해 우리 국민 전체가 느끼는 분노도 작용한 것으로 보인다.(〈조선일보〉 8월 11일자 사설)

즉, 이 대통령의 독도방문은 '독도 영유권을 표현하는 최고 수준의 상징적 조치'이며 '독도를 분쟁지역화하려는 일본 정부의 끊임없는 시도에 강한 경고'로 해석하고 있다. 일본의 지금까지의 파렴치한 태도에 대한 당연한 조치로 평가하고 있는 것이다. 이에 반해 〈한겨레〉는

> 하지만 이번 이 대통령의 독도 방문은 일본의 도발에 대한 맞대응 차원이라고 하기엔 상징성과 강도가 너무 세다. 정책전환이라고 하기엔 너무 돌발적이다. (중략)일본에서 나오는 주장처럼, 친인척 비리와 실정으로 임기 말 권력누수에 빠진 이 대통령이 곤경을 탈피하는 수단으로 국민의 감정적 호응이 큰 일본 문제를 활용했을 가능성도 배제할 수 없다. 일본에 대한 관심이 집중되는 광복절과 런던올림픽 한-일 축구 대결을 코앞에 둔 시점을 택한 것을 보면, 국내 여론을 강하게 의식했음을 엿볼 수 있다. (〈한겨레〉 8월 10일자 사설)

이명박 대통령의 갑작스런 독도방문 소식에 트위터에서는 이 대통령이 내일 새벽에 열리는 올림픽 축구 한일전에 맞춰 자신의 지지율을 높이려는 의도라는 해석이 나오고 있다. (중략)또 다른 트위터 사용자(@Supersub******)는 "경제도, 4대강도, 지지율도 떨어지니 할 수 있는 것은 독도 방문뿐! 축구 한일전, 광복절 등을 맞이하여 새누리에 도움이 되고자 하는 꼼수가 아닌가 하는 생각이 드네요"라고 꼬집었다. (〈한겨레〉 8월 10일자)

〈한겨레〉에서 대통령의 독도 방문은 임기 말 친인척 비리와 레임덕 현상을 탈피하고자 하는 인기 영합적 행위라고 강하게 비난하는 논조이며, 누리꾼들의 의견을 그대로 실어 광복절 전 지지율을 높이려는 꼼수라고 지적한다. 이와 같이 대통령의 독도 방문에 관한 신문사간 의견 차이는 뚜렷한 차이를 보이고 있다. 그럼 독도방문과 관련한 일본 신문의 보도 기사에 관한 특성을 살펴보자.

하지만 이번 대통령의 등을 떠민 것은 이러한 현안보다도 본인의 신변 문제 때문은 아닐까. 내년 2월 임기가 만료되기 전에 대통령 주변에서는 친형과 측근의 체포가 이어졌다. 경제격차의 확산에 대한 불만도 강하고 정권은 이미 힘을 잃고 있다. (중략) 내정이 어려울 때 위정자가 국민의 시선을 밖으로 돌리는 것은 역사에서도 흔한 일이다. 내셔널리즘을 부추기는 영토문제는 가장 좋은 재료이다. 하지만 이러한 분쟁의 씨를 자르는 것이야말로 지도자의 가장 큰 책무이다. 이 대통령은 이러한 지도자의 책무와는 정반대로 움직였다고 말하지 않을 수 없다. (〈朝日新聞〉 8월 11일자 사설)

〈아사히신문〉은 MB의 독도방문이 내셔널리즘을 부추기는 영토문제이며 한국내의 경제문제와 정권의 힘을 회복하고 국민의 시선을 국외로 돌리기 위한 방책이라고 비난한다. 〈산케이신문〉은 〈아사히신문〉보다 한층 강도를 높여 독도방문을 강경하게 비난한다.

> 한국의 이명박 대통령이 일본 고유의 영토인 시마네현, 다케시마에 일본정부의 중지요구를 무릅쓰고 상륙했다. 한일 신뢰관계의 근간을 부정하는 폭거라고 할 수밖에 없다. 노다수상은 '도저히 받아들일 수 없으며 극히 유감이다'고 말했다. 당연하다. 정부는 무토 주한대사를 즉시 귀국시키는 사실상 소환을 결정했지만 그것만으로 끝날 문제가 아니다. 일본의 영토주권을 명백하게 짓밟는 외국 수상의 행동에 대해 보다 강한 대항조치를 취할 필요가 있다. (중략) 임기가 반년 정도 남은 이대통령은 친형인 전 국회의원과 측근이 금전 스캔들로 체포되는 등 정권의 구심력을 잃고 있다. 일본에 의한 통치로부터 해방을 축하하는 15일 광복절 전에 인기회복을 노리고 한일 우호관계를 희생한 것은 수치스러운 행위다. (〈産経新聞〉 8월 11일 사설)

〈산케이신문〉은 독도 방문이 양국의 신뢰관계를 부정하는 '폭거'라고 주장하며 '일본의 영토주권을 명백하게 짓밟는 행위'라고 묘사한다. 그러한 배경에는 측근비리와 정권의 구심력 약화에 따른 인기회복에 있으며 '수치스러운 행위'라고 폄하하고 있다.

이러한 일본 신문의 보도양상은 아래의 표를 참조하면 자세하게 나타난다. 이는 한일 양국 신문에 나타난 'MB의 독도방문'에 관한 기사의 논조를 분석한 결과이다. 한국과 일본 양국의 시각이 극명하게 엇갈리고 있음을 알 수 있다.

〈표8〉 한일 양국 신문에 나타난 기사의 논조

국가	신문	긍정적	부정적	중립적	전체
일본	아사히신문	0	11	13	24
	산케이신문	0	28	3	31
한국	조선일보	5	3	4	12
	한겨레	0	16	4	20

즉, 일본신문의 경우 '독도방문'에 대해 긍정적인 묘사는 단 한건도 없으며 진보적인 성향의 〈아사히신문〉조차도 부정적 논조가 11건, 중립적 보도의 논조가 13조로 나타났다. 비교적 사실을 있는 그대로 전하는 '스트레이트' 기사에도 한국에 대해 부정적인 시각을 나타냈다. 그리고 '사설 및 칼럼'에서도 〈산케이신문〉은 한국을 비판하고 있었으며 〈아사히신문〉은 중립적인 논조를 유지하려고 노력하고 있음을 알 수 있다. 보수적인 성향의 〈산케이신문〉은 부정적 논조의 기사가 28건으로 현저하게 많았고 중립적인 논조의 기사는 3건에 불과했다. 일본 우익 측의 입장을 대변하는 언론사인 만큼 한국과 관해 부정적인 시각을 여과 없이 드러내고 있음을 알 수 있다. 전체적으로 〈산케이신문〉이 〈아사히신문〉보다 한국에 대해 부정적인 경향을 강하게 보이고 있음을 알 수 있다.

한편, 한국 신문의 경우 〈조선일보〉가 긍정적인 시각에서 독도방문을 보도한 기사가 5건으로 제일 많았고 〈한겨레〉는 부정적 논조의 기사가 16건, 중립적 논조가 4건으로 나타났다. 〈조선일보〉만이 한일 양국 신문 중에서도 유일하게 긍정적인 논조의 보도가 5건으로 가장 많아 명백한 차이를 보였는데, 이는 〈조선일보〉가 현 정부와 정권의 시각과 입장에 선 보도를 하고 있음을 짐작케 한다.

〈표9〉는 구체적으로 'MB의 독도방문' 기사에 나타난 기사에 관한 '긍정적' 제목성향과 '부정적' 제목 성향을 비교한 결과이다. 먼저 긍정적인 제목의 용어는 〈조선일보〉가 8건, 부정적인 제목은 단 1건에 불과했다. 〈조선일보〉는 국가원수로서 우리 영토에 당연히 갈 수 있다는 전제하에 '사상 첫 방문'을 강조하고 있으며 동행한 작가들의 말을 빌려 "내 땅에 다녀왔다는 사실에 자긍심"이나 "역사가 되는 순간에 동행"했다고 우회적으로 독도방문을 지지하는 신문사의 논조를 피력하고 있다. 이러한 경향은 〈조선일보〉에 현저하게 나타났는데 이는 〈조선일보〉가 일본에 대한 반일(反日) 성향이 강하다기 보다는 친정부적, 친여당적 성향이 짙다고 판단할 수 있으며 상대국의 여론과 외교정책보다는 국가적 이념을 우선했다고 할 수 있을 것이다.

비해 〈한겨레〉는 부정적인 제목이 7건, 긍정적인 제목이 2건으로 부정적인 성향의 제목이 많았다. '깜짝쇼'라든지 임기 말 레임덕을 회피하기 위한 '뜬금없는', '독도 강공몰이'등의 직접적인 표현을 사용하며 야당 국회의원과의 인터뷰를 통해 "세계사 유례없는 실패작"이라는 용어로 묘사하고 있다. 〈한겨레〉는 이 현안에 관해 국가적 이념보다는 외교정책 차원에서 접근하고 있으며 일본의 여론과 외교정책에 미치는 영향을 고려한 방향의 보도 프레임을 유지하고 있는 것이다.

<표9> 한국 신문의 '긍정적' / '부정적' 제목 성향

	'긍정적' 제목 성향			'부정적' 제목 성향	
	〈조선일보〉(8건)	〈한겨레〉(2건)		〈조선일보〉(1건)	〈한겨레〉(7건)
8.10		사상 첫 '독도방문' "우리 땅서 무슨"	8.10		임기말 깜짝 독도 방문 외교부 철저 소외 '정치적 결정' 뜬금없는 지지율 높이려
8.11	MB의 헤비급 카드 독도 첫 방문 "독도는 목숨 바쳐 지켜야 할 우리 영토" "내 땅에 다녀왔다는 사실에 자긍심" "역사가 되는 순간에 동행"		8.12		'깜짝쇼?' '독도 강공몰이'
8.14	"독도서 하루 자고 오려고 했다" "일본의 반응 예상했던 것"		8.16		"세계사 유례없는 실패작"
8.18	"李대통령 독도 방문, 포퓰리즘 아니다"		8.17	"對日 포퓰리즘 하고 있다"	

〈표10〉은 'MB의 독도방문'에 대한 일본 신문의 제목 성향에 대해 분석한 결과이다. 그 결과 〈아사히신문〉과 〈산케이신문〉 모두 부정적인 성향의 제목 성향을 나타냈다. 긍정적인 성향의 제목은 한건도 없었으며 모두 부정적인 성향의 제목이었다. 'MB의 독도방문'에 관해 부정적으로 표현한 보도 용어는 다음과 같다.

〈표10〉 일본 신문의 '부정적' 제목 성향

	아사히신문 제목(9건)	산케이신문 제목(15건)
8.10	不快感(불쾌감)	人氣取り, 外交放棄, 愛國アピール (인기영합, 외교포기, 애국어필) 「極めて遺憾」('극히 유감') 「日韓關係に惡影響」 ('한일 관계에 악영향')
8.11	きしむ(삐걱거리는) 分別なき行い(분별없는 행동) 不意打ち(기습적) 「前代未聞の暴擧」 ('전대미문의 폭거') 「極めて遺憾」('극히 유감') すきを突いた(빈틈을 찌른)	日韓' 氷河期に突入 (한일 빙하기로 돌입) すがる「愛國」(매달리는 '애국') 「友好關係に水差す」 ('우호관계에 물을 끼얹다') 「人氣取り」('인기영합') 暴擧 (폭거)
8.12	大國らしからぬ(대국답지 않은)	
8.14		不法占據 불법점거 「賣國奴の茶番劇」'매국노의 연극쇼'
8.15		「パフォーマンス」'퍼포먼스'
8.16	「ご亂心」(난심)	豹變 표변 反日の動章 반일의 훈장

　가장 진보적 성향이 짙은 〈아사히신문〉조차도 독도방문에 관해 '극히 유감', '기습적', '분별없는', '전대미문의 폭거', '대국답지 않은', '분별없는' 등의 공격적이고 비호의적인 보도 용어를 사용하고 있다. 우익성향을 대표하는 〈산케이신문〉은 더욱 강도를 높여 부정적이고 적대적인 용어로 보도하고 있는데, 8월 14일자 기사에서는 '매국노의 연극쇼'라는 원색적인 북한 기사를 그대로 인용하고 있다.

5. 결론을 대신해

　MB의 독도방문 이후 한일 양국 신문은 급격하게 기사의 양을 쏟아내는데 그 중에서도 일본의 우익성향이 짙은 〈산케이신문〉이 가장 많은 기사 수를 기록하고 있으며 그 다음으로 〈한겨레〉, 〈조선일보〉, 〈아사히신문〉 순이다. 그 중에서도 〈산케이신문〉이 한국 신문보다 가장 많은 기사를 게재하고 있으며 거의 매일 2자리 수 이상의 기사 수를 보도하고 있는데, 이처럼 정치보도가 단기간에 거대한 전파력을 가지고 일본의 일반 대중에게 확산되는 양상은 보기 드문 현상이라 할 수 있다. 특히 보수우익성향이 강한 〈산케이신문〉에서 한국 신문보다 훨씬 더 많은 양의 기사를 싣고 여론을 반영하고 있는 것은 현재 우경화현상이 심화되고 있는 일본의 사회현상과도 깊은 관련이 있을 것이다.

　이와 같은 분석결과를 통해 알 수 있듯이 한국 신문과 일본 신문은 국가적 이익과 이념에 의해 서로 다른 보도틀을 제공함으로써 한일 양국민의 감정을 내셔널리즘적으로 몰아가는 양상을 보였다. 이러한 보도행태에 여과 없이 노출된 여론과 대중은 한일 상호간의 갈등과 반목을 부추겨 더욱 적대적인 정서를 고조시킬 수 있다. 한국은 독도문제 보도를 통해 여론의 지지와 인기를 얻기 위한 정치적 도구로 이용할 소지가 많으며 일본 또한 현재 사회적 분위기가 여느 때와 다르게 우경화현상으로 치닫고 있는 상황에서 현직 대통령의 독도 방문과 관련한 일련의 사태는 일본 국민의 감정을 분노케 하고 여론몰이를 통해 한국에 대한 일본 정부의 강경 대응을 유도하기도 한다. 또한 공격적이고 부정적인 보도 행태는 한국에 대한 이미지를 부정적으로 형성시키는 역할을 하고 있다. 이러한 사회적 분위기 속에서 한국과 일본 양국 언론은 국가적 이익을 대변하기보다는 좀 더 냉정하고 현명하게 외교적 차원에서 접근할 필요성이 있을 것이다.

이명박 대통령의 독도방문에 대한 월간지의 보도 경향 분석

김호동*

1. 머리말

2008년 2월 25일, 17대 대통령으로 이명박 대통령이 취임하였다. 이명박 대통령은 멀고도 가까운 한국과 일본의 관계를 미래지향적인 관계로 정립하고자 하여 과거사 문제 제기하지 않겠다는 뜻을 밝혔다. 이명박 대통령이 임명한 주일 대사 권철현은 4월 18일, 도쿄에서 일본 특파원들을 만나 "이명박 대통령으로부터 과거에 속박되지도, 작은 것에 집착하지도 말라는 당부를 받았다. 낡은 과제이면서도 일본과의 현안인 독도 영유권 문제나 역사왜곡 문제는 다소 일본 측에서 도발하는 경우가 있더라도 호주머니에 넣고 드러내지 않는 것이 국익을 위해 좋다."고 말했다. 미래지향적 한·일 관계 구축을 강조하던 이명박 대통령에 대해 취임 직후 2개월 만에 '이명박 독도 포기'라는 독도괴담에 대한 한 언론보도기사가 나왔다.

---

* 영남대학교 독도연구소 연구교수

"이 대통령이 독도 포기 절차에 나섰다"는 괴소문도 나돌고 있다. 이 소문은 이 대통령이 한일정상회담에서 미래지향적인 한일관계를 밝히고, 권철현 주일 대사가 언론인터뷰에서 "독도나 일본 교과서 문제를 거론하지 않겠다"는 취지로 말한 발언이 "이 대통령이 독도를 포기키로 했다"는 논리 비약으로 발전한 경우다.(〈근거없는 '괴담' 판치는 대한민국〉(「조선일보」 2008.5)

이같은 괴담들은 인터넷 포털사이트와 대형 커뮤니티 사이를 중심으로 확대 재생산되고 있다고 보도되었다. 일본의 요미우리신문이 2008년 7월 9일 일본에서 한일정상회담이 열린 후 7월 15일자 기사를 통해 "정상회담에서 후쿠다 총리가 일본 사회과 학습지도 해설서에 '다케시마를 표기하지 않을 수 없다'고 통고하자 이명박 대통령이 '지금은 곤란하다. 기다려달라'고 요청했다"고 보도함으로써 '독도괴담'이 더 증폭되었다.

취임 초, 미래지향적 한·일 관계 구축을 강조하던 이명박 대통령이 임기를 얼마 남지 않은 시점에서 헌정사상 최초로 독도를 전격 방문하였다. 그는 독도경비대에 "목숨 바쳐야 할 우리의 영토를 긍지를 갖고 지켜가자"고 하였다. 이에 대해 새누리당 황우여 대표는 8월 15일 KBS라디오 교섭단체 대표연설에서 "이 대통령이 현직 대통령으로서는 최초로 독도를 방문한 것은 마땅한 일을 한 것이며, 국토수호에 대한 의지를 보여준 것"이라고 평가하였다. 그렇지만 대통령의 독도 방문에 대해 국가이익에 대한 냉철한 계산보다 정치적 계산이 더 강하다는 의견, 독도가 우리 땅인 것은 자명한데 굳이 독도를 방문하여 일본 내 극우세력에게 독도 영유권 주장 빌미만 제공했다는 비판도 제기되었다.

취임 초, 미래지향적 한·일 관계 구축을 강조하던 이명박 대통령이 임기말 독도를 방문하였을까? 그리고 그 방문에 대한 언론의 보도 경향은 무엇일까? 대구한의대학교 안용복연구소가 【이명박 대통령의 독도 방문과 국내 언론의 보도 경향 분석】을 통해 대통령의 독도 방문 이후 한·일 양국에서 어떤 일이 벌어졌는지, 양국 여론 향방은 어떠했는지, 이와 관련한 국내 언론들의 보도는 어떠했는지 등등에 대한 학술대회를 기획하였던 것은 그런 문제를 되짚어보기 위한 것이다.

독도관련 언론보도 경향에 대한 학술적 연구는 거의 없지만 최근 연구가 일어나는 분위기이다. 이명박 정부의 독도방문 이전의 독도 언론에 대한 연구는 안용복연구소의 소원인 김신호에 의해 〈우리나라 2011년도 언론분야 독도 주제 연구의 '현황과 과제'(『독도연구』 13, 영남대학교 독도연구소, 2012.12)란 연구가 있다. 그런 점에서 대구한의대학교 안용복연구소의 【이명박 대통령의 독도 방문과 국내 언론의 보도 경향 분석】 기획 주제는 그 후속작업이라고 할 수 있다. 본 연구자가 맡은 세부주제는 〈이명박 대통령의 독도 방문에 대한 월간지의 보도 경향 분석〉이다. 김신호의 연구는 언론분야의 연구성과를 분석하고, 2011년의 일간지뿐만 아니라 월간지의 분석도 행하고 있으므로, 그 연구성과를 받아들여 2012년 8월 10일 이명박 대통령 독도 방문 이전과 이후의 월간지의 언론 보도 경향을 분석하고자 한다. 〈이명박 대통령의 독도 방문에 대한 월간지의 보도 경향 분석〉의 대상은 『월간조선』,『신동아』,『월간중앙』을 선정하여 분석하고자 한다. 흔히들 '조중동'이라는 말은 '보수언론'을 뜻한다. '조중동'은 이명박 대통령이 대통령에 당선되는데 기여하였다. 그런 '조중동'에서 이명박 대통령의 독도 방문 이전과 이후의 언론 보도경향의 변화를 보려고 『월간조선』, 『신동아』, 『월간중앙』을 대상으로 하였다.

2. 월간지의 독도관련 보도 분야별 현황과 보도 유형별 현황

당초 대구한의대학교 안용복연구소가 【이명박 대통령의 독도 방문과 국내 언론의 보도 경향 분석】 기획을 하면서 공동연구자가 회합을 하면서 '독도관련 보도 분야별 현황'과 '독도관련 보도 유형별 현황', '형식 프레임 유형별 현황'의 통계를 내어 그에 대한 분석을 하기로 합의하였다. 지금 이 글에서는 그것을 만들지 않았다. 첫째, 역사는 사료에 대한 분석을 통해 의미를 부여한다. 역사에서도 통계를 많이 인용한다. 그것을 흔히들 '계량사학'이라고 부른다. 월간지의 경우 독도 관련 보도는 그것이 주가 되지 않고, 곁가지쳐 언급하는 것이 많다. 그것을 고려하지 않은 '분야별 현황'과 '보도 유형별' 통계는 '量'의 통계이다. 그 통계수치를 언급하여 논하는 것에 대한 일단 거부감이 들어 네 가지 월간지의 독도관련 보도 분야별 현황과 보도 유형별 현황은 자료 수집을 하였지만 그 통계수치를 내지는 않았다. 둘째, 이명박 정부의 독도 관련 월간지의 '분야별 현황'과 '보도 유형별' 통계에 대한 분석이 있기 때문이다. 김신호에 의해 〈우리나라 2011년도 언론분야 독도 주제 연구의 '현황과 과제'(『독도연구』

13, 영남대학교 독도연구소, 2012.12)가 있다. 2011년의 한해간의 통계이지만 '독도관련 보도 분야별 현황'과 '보도유형별 현황'은 아마 통시대적으로 적용되리라고 생각하여 일단 그것을 인용하고자 한다.

김신호의 연구결과에 의하면 일간지의 경우 첫째, 우리가 알게 모르게 독도관련뉴스는 거의 모든 일간지에서 상당히 빈번하게 다루어지고 있었고, 둘째, 독도관련보도를 정치 분야에서 가장 많은 빈도로 다루고 있으며, 그 다음이 사회 분야, 문화 분야, 국제 분야, 지역보도, 그리고 경제 분야 순으로 다루고 있지만, 셋째, 사회와 문화면에서 정치면, 국제면 못지않게 매우 빈번하게 보도가 발생하며, 지역분야 보도의 대다수도 사회와 문화면을 다루고 있다. 이것은 우리사회에 있어 독도가 정치와 국제관계 만의 주제 이상의 대상, 즉 국민들의 사회·문화적 삶에까지 영향을 미치는, 매우 관심 끄는 대상임을 보여주고 있다고 한다.

또 김신호의 경우 일간지 외에 '월간조선' '월간중앙' '뉴스메이커' 3개의 월간지를 선정하고, '한겨레21'과 '주간동아' 2개의 주간지를 분석하면서 20011년도 5대 중앙 월·주간지 독도관련 보도 분야별 현황을 통계수치로 제시하고 있다.

〈표 1〉 2011년도 5대 중앙 월·주간지 독도관련 보도 분야별 현황

구분	월간조선		월간중앙		뉴스메이커		한겨레21		주간동아		합계	
	건수	(%)	건수	(%)	건수	(%)	건수	(%)	건수	(%)	건수	(%)
정치	5	29.4	4	44.4	4	57.1	5	41.7	6	35.3	24	38.7
경제	0	0	0	0	0	0	0	0	1	5.9	1	1.6
사회	5	29.4	0	0	0	0	1	8.3	2	11.8	8	12.9

문화	2	11.8	3	33.3	3	42.9	4	33.3	8	47.1	20	32.3
국제	5	29.4	1	11.1	0	0	2	16.7	0	0	8	12.9
지역	0	0	1	11.1	0	0	0	0	0	0	1	1.6
합계	17	100	9	100	7	100	12	100	17	100	62	100

월간지의 경우 일간지 못지않게 짧은 기사들도 있으나, 일반적으로는 보다 심층 깊은 보도와 전문지식까지도 일부 포함한 충분히 이해할 만한 보도를 원하는 월간지 독자들의 수요가 전제되어 있는 관계로, 일간지의 경우 기자가 주로 기사를 쓰지만 전문가들을 동원하여 많은 지면을 할애하여 독자들에게 보도하고 있다. 따라서 보도기사의 수효가 일간지들에 비하여 매우 적고, 발행빈도도 1/30 혹은 1/7 등으로 줄어들기 때문에 보도의 양은 현저히 적다고 할 수 있다. 그렇지만 5대 월·주간지들에서도 독도관련 보도는 정치 분야가 38.7%의 보도 비율을 나타내, 일간지의 38%와 매우 유사한 비중을 나타내고 있다. 정치 분야는 일간지들이나 월·주간지들에서 가장 비중 있게 다룬 것으로 보아, 우리나라의 언론에서는 일단 독도관련 보도는 정치적인 주제로 간주하고 있음을 알 수 있다. 다음은 문화 분야의 보도로서 32.3%를 나타내, 일간지의 15.3%와 현저한 차이를 보이고 있다. 일간지에서는 사회 분야가 25.1%로 두 번째 큰 비중을 나타내었는데, 월·주간지에서는 12.9%로 비교적 적은 비중을 차지하고 있다. 이는 일간지 보도들이 많이 다루는 사건·사고·행사 등에 관한 기사가 전문성이 가미된 월·주간지의 보도기사에서는 많이 다루어지지 않으며, 다루어지더라도, 정치나 문화면의 의미가 더 크게 부각되면서 깊이 있게 다루어져 사회면의 요소가 희석되어진다.

〈표 2〉에서 보다시피 보도유형별로 보아서 독도관련 주제를 종합·정리하는 해설(종합) 기사유형이 가장 많아, 거의 모든 월간 주간지 언론사들이 골고루 채택하였다. 다음은 인터뷰 유형이 많았는데, 일간지들의 인터뷰 형태에서는 사건·사고·행사에 관한 관련인·참가자들에 대한 비교적 간단하고 현장감을 높여주기 위한 인터뷰인데 반하여(상대적으로 여러 사람을 인터뷰하는 형태), 월주간지에서의 인터뷰는 전문가 한 사람을 집중적으로 인터뷰하면서 내용적으로는 해설(종합)적인 면과 오피니언이 첨가된 칼럼 형태까지도 포괄한 인터뷰들이 많이 활용되었다.

월·주간지의 인터뷰기사는 일본의 정치가와 재일교포 역사가 등을 깊이 있게 다루면서 일본이 어떤 배경 하에서 독도문제를 거론하고, 그들 주장의 본질은 무엇이며, 일본 내에서는 어떠한 반향을 보이는가 등을 파헤치는 면에서 일간지보다 유리한 환경을 조성하고 있다.

〈표 2〉 2011년도 5대 중앙 월주간지 독도관련 보도유형별 현황

기사유형	월간조선		월간중앙		뉴스메이커		한겨레21		주간동아		합계	
	건수	(%)	건수	(%)	건수	(%)	건수	(%)	건수	(%)	건수	(%)
기획	1	5.9	1	11.1	0	0	1	8.3	3	17.6	6	9.5
사설(칼럼)	4	23.5	1	11.1	3	37.5	3	12.0	2	11.8	13	20.6
해설(종합)	4	23.5	3	33.3	2	25.0	5	41.7	4	23.5	18	28.6
스트레이트	0	0	0	0	0	0	2	16.7	3	17.6	5	7.9
인터뷰	7	41.2	4	44.4	2	25.0	0	0	2	11.8	15	23.8
스케치기사	1	5.9	0	0	1	12.5	1	8.3	3	17.6	6	9.5
합계	17	100.0	9	100.0	8	100.0	12	100.0	17	100.0	63	100.0

월·주간지들은 일간지들에 비하여 사건·사고·행사들에 대한 기사가 월등히 적은 관계로 스트레이트기사나 스케치기사가 적을 뿐만 아니라, 상황에 대한 직접적이고 다양한 현장감이 반영된 보도보다는 보다 근본적인 것을 추궁하는 성향을 보여 해설과 인터뷰기사 혹은 언론사의 의지를 반영하는 기획기사를 비교적 비중 있게 다루고 있다.

3. 이명박 대통령 독도 방문 이전의 월간지 독도 내용 보도 경향

1951~1964년 국교정상화를 위한 한일회담에서 가장 어려웠던 점은 먼저 무엇을 회담의 아젠다로 설정할 것인가였다. 그중 가장 중요한 난제가 과거사 문제와 독도문제였다. 일본은 독도문제의 의제화를 회담의 최종적 성립 직전까지 포기하지 않았다. 결국 한국의 입장이 관철되어 독도 영유권 문제는 정식 의제로 채택되지 않았다. 그렇기 때문에 그 이후 독도 문제는 언론에서 지금처럼 보도되지 않았다. 한일 양국 사이에 독도문제가 수면위로 분출한 시기는 한일어업협정의 체결과 2005년 일본 시마네현 의회에서 '竹島의 날'을 조례로 제정한 이후, 특히 2008년 일본이 외무성과 문부과학성을 동원해 독도를 홍보와 교육을 통해 전방위로 대내외적 공세를 취하면서부터이다. 그런 점에서 이명박 정부의 출범과 동시에 독도 문제가 수면위로 부상하였다고 볼 수 있다.

이명박 대통령이 2008년 2월 25일, 제17대 대통령이 취임하였을 때 일본 외무성은 2월 「죽도-다케시마 문제를 이해하기 위한 10의 포인트」란 홍보 팸플릿을 만들어 3월 8일부터 외무성 홈페이지에 일어 외에 한국어와 영문판의 세 가지로 게시하였다. 이를 통해 '독도가 일본 땅'이고, '한국이 불법 점거하고 있다'는 입장을 일본을 넘어, 한국과 국제사회로 적극 홍보하겠다는 의지를 비쳤다. 또 5월 18일 "일본 문부과학성이 중학교 사회과 新(신)학습지도요령 해설서에 '竹島(다케시마·독도의 일본명)는 일본의 고유영토'라는 기술을 처음으로 명기할 방침"이라는 일본 언론 보도가 나왔다. 우리 정부는 즉각 駐韓(주한) 일본대사를 불러 사실관계를 확인하는 등 단호한 대처 입장을 밝혔다. 중학교 학습지도요령은 이미 2008년 2월 15일부터 1개월 간의 의견수렴 예고기간을 거쳐 3월 28일 고시됐는데, 당시에는 한일정상회담 등을 감안하여 독도 관련 사항이 '학습지도요령'에서는 일단 제외되었던 것으로 알려졌다. 그렇지만 7월 14일 문부과학성에서 사회과 학습지도요령해설서에 "우리나라와 한국과의 사이에 다케시마(독도)를 둘러싸고 주장에 차이가 있다는 점 등에 대해서도 북방영토와 마찬가지로 우리나라의 영토·영역에 관해 이해를 심화시키는 것도 필요하다"고 명시하였다. 그 이튿날 일본의 요미우리신문이 2008년 7월 9일 일본에서 한일정상회담이 열린 후 7월 15일자 기사를 통해 "정상회담에서 후쿠다 총리가 일본 사회과 학습지도 해설서에 '다케시마를 표기하지 않을 수 없다'고 통고하자 이명박 대통령이 '지금은 곤란하다. 기다려달라'고 요청했다"고 보도함으로서 머리말에서 언급한 것처럼 '독도괴담'이 증폭되었다.

일간지의 경우 '독도괴담'과 '학습지도요령해설서'에 관해서 연일 보도하였다. 특히 '독도괴담'에 대해서 「조선일보」의 경우 2008년 7월 15일자의 사설을 통해 [이번엔 '독도 괴담' 퍼트려 촛불시위 하려는가]를 보도하였다. 그렇지만 월간지의 경우 『월간조선』, 『월간중앙』, 『신동아』, 『뉴스메이커』에서 '독도괴담'이란 용어가 일체 보이지 않는다.

『신동아』의 경우 심층집중취재, 기획특집, 정치, 경제, 사회, 국제, 건강&과학, 문화&라이프, 스포츠, 피플, 칼럼의 분야로 나누어 보도하고 있다.

『신동아』의 경우 2008년 3월호【문화생활】에서 [까닭 모를 인기몰이 … '무한도전' '1박 2일' 5단계로 이해하기]에서 '1박 2일의 인기 급상승의 결정적 계기였던 '독도편'을 언급하고 있다.

그리고 4월호【사회】에서 [고조선 심장부를 가다]에서 독도 강치를 다루고 있다.

6월호에【사회】에서 [김정운 교수의 '재미학' 강의 2]에서 〈재미없는 대한민국 사내들의 5가지 키워드〉란 주제에서 한국 남자들은 한국 남자들은 너나 할 것 없이 술 한잔 마시면 '독도 문제'를 언급한다고 기술하였다. 또【인터뷰】[세 개의 조국을 가진 남자 정대세 축구인생]을 통해 '독도는 우리땅'이라는 노래를 부르며 일본인들과 자주 정치적 논쟁을 벌이는 정대세를 보도하고 있다. 이때까지 『신동아』의 경우 전문성이 가미된 독도에 관한 종합적 기사가 없이 가십거리에 해당하는 기사로 일관하였다고 볼 수 있다. 그렇지만 7월호부터 이러한 경향을 탈피하여 전문적이고 종합적인 보도가 나온다.

7월호의 경우【국제】['상종가' 북한 둘러싼 미중일 경쟁구도]에서 주변국 외교도 어려운 상황을 말하면서 "한·일 정상회담이 끝나고 얼마 지나지 않아 일본은 독도 문제로 한국의 뒤통수를 쳤다."라고 하였다.【사회】분야에서 ['독도 사나이' 안용복 탐구]와 [1900년 대한제국 칙령 41호, 독도 영유권 국제적 재선언]을 보도하고 있다. 이명박 정부가 들어선 이후 독도에 대한 전문적 종합적인 보도이다. 일본의 고유영토설을 부정할 수 있는 '안용복'과 무주지 선점론을 부정할 수 있는 '대한제국 칙령 제41호'를 집중적으로 분석하고 있다. 전자의 경우 이정훈 동아일보 출판국 전문기자가 쓴 것이고, 후자의 경우 신용하가 쓴 것이다. 기자가 쓴 ['독도 사나이' 안용복 탐구]의 경우 마지막 결론에서 "일본은 안용복을 지우고 한국은 미국산 쇠고기 논란에 휩싸여 독도와 안용복을 잊었다"고 하였다. 7월호의 경우【기획특집】에서 [촛불의 나라]를 다루고 있다. 〈이명박 정부 '잃어버린 100일'〉, 〈이명박 정권 100일과 쇠고기 파동 비화〉, 촛불시위 연행자들의 변 '내가 거리에 나간 까닭'〉, 〈작가 이외수가 본 요즘 세상〉 어디에도 독도에 관한 언급이 없다. 그런 기획특집의 인식을 갖는 한 "한국은 미국산 쇠고기 논란에 휩싸여 독도와 안용복을 잊었다"고 할 수밖에 없었을 것이다. 잃어버린 100일 가운데 미국산 쇠고기 논란에 휩싸여 독도와 안용복을 잊었던 것이 아니라 이명박 정부의 "독도나 일본 교과서 문제를 거론하지 않겠다"는 자세 때문이다. 그런 인식 때문에 7월 14일 일본 문부과학성의 '중학교 학습지도요령해설서'에 독도가 명기되었다고 볼 수 있다.

7월 14일 일본 문부과학성의 중학교 '학습지도요령해설서'가 발표된 이후 『신동아』 8월의 독도 언론 보도 기사를 음미할 필요가 있다. 『신동아』 8월호의 【정치】분야에서 [한 청와대 출입기자의 MB정권 감상기는 주목할 필요가 있다. 이런저런 사정으로 자신이 소속된 매체에서는 보도하기 어려운, 그러나 하고 싶었던 얘기라며 '신동아'에 꼭 실어달라고 해서 이 기자가 전하는 내용을 그대로 옮긴 것이라고 하였다. 그 기사에서 4월 미국 순방 뒤 귀국길에서 일본의 왕궁을 방문해 일왕부부의 영접을 받았을 때의 이명박 대통령에 대한 적절치 않은 태도를 문제 삼고 있다.

이 대통령과 아키히토 일왕의 면담을 취재한 풀(pool) 기자들이 사진과 영상을 들고 왔다. 대통령이 일왕에게 고개를 푹 숙이며 인사하는 장면이었다. 영친왕의 한(恨)이 서린 곳에서 이런 사진을 국내로 전송할 때 정말 짜증이 났다.[1] 당시 언론 보도에서는 의미 부여를 하지 않았지만, 함께 모여 사진을 처음 봤을 때 기자들 대부분은 "대통령의 모습이 적절치 않다"는 반응이었다.

그리고 이명박 정부가 일본을 지나치게 배려한다는 인상을 줬다는 기사 뒤에 아래와 같은 기사를 썼다.

이 대통령은 방일 당시 후쿠다 일본 총리와의 정상회담에서 과거

---

[1] "일본 순방 때 이 대통령은 데이고쿠 호텔에서, 기자단은 아카사카 프린스 호텔에서 묵었다. 아카사카 프린스 호텔은 한국의 아픈 역사가 어린 곳이다. 이 호텔의 구관은 아홉 살에 일본에 볼모로 끌려와 일본 왕족 마사코와 정략 결혼했던 대한제국의 마지막 황태자인 영친왕이 살던 집을 개조한 것이다. 호텔 이름이 '프린스'가 된 것도 이런 이유에서다."(『신동아』 2008.8(통권 587호))

문제를 더 이상 거론하지 않겠다며 신(新)한일시대를 선언했다. 그쪽의 태도가 어떤지 확실치 않은데 우리가 먼저 내주는 것이 옳은 일이었는지 모르겠다. 이 대통령의 측근인 권철현 전 의원이 주일 한국대사로 부임한 후 그의 발언은 아슬아슬했다.

권 대사는 4월 23일 취임 직후 기자간담회에서 일본군위안부 문제와 관련 "대한민국이 더 사랑하고, 더 안고, 더 이해해줘야 하는 사람들이다. 한때는 그걸 왜 일본 정부에만 요구하는가 하는 의문이 있었다"고 말했다. 그는 독도 문제에서도 "쉽게 용서할 수 없는 문제다. 그러나 그 문제에만 집중하면 미래가 보이지 않아 완전히 용서하고 없었던 것처럼 할 수는 없지만 국익에 도움이 되는 것이 어떤 것인지를 생각할 필요가 있다"고 했다. 주일 한국대사관 홈페이지는 역사교과서, 독도, 동해 표기가 적힌 본문을 삭제했다가 비판이 일자 복원시키기도 했다.

[한 청와대 출입기자의 MB정권 감상기]에는 이명박 대통령이 '위안부' 문제를 끊임없이 언급하고, 2008년 8월 10일 독도를 전격 방문한 동기가 무엇인지 알 수 있다. 또 독도 방문 직후에 '천황' 대신에 '일왕'이라고 한 이유도 알 수 있다.

이명박 대통령이 '일왕' 발언을 할 때 사적인 장소에서, 기자가 없다고 생각해서 그 발언을 했다고 한다. 2008년 이대통령이 일왕에게 고개를 푹 숙이며 인사하는 장면 사진을 보면서 기자들 대부분이 "대통령의 모습이 적절치 않다"는 반응이었다고 생각했던 기자들은 이명박 대통령이 '천황' 대신에 '일왕' 발언을 했을 때 그 사진을 떠올리면서 언론에서 이명박 대통령의 '일왕' 기사를 보도하였다고 볼 수 있다. 그렇지만 신문기자의 경우 일본에서 '천황'에 대한 불경의

문제가 금기시되는 것을 다들 알고 있기 때문에 이명박 대통령의 '일왕' 발언을 언론에 보도할 경우 그 후폭풍에 대한 것을 예상할 수 있었다. '국익차원'에서 공개하지 않을 수 있었다. 그렇지만 [한 청와대 출입기자의 MB정권 감상기]의 마지막에 "이 정권이 지금 간과하고 있는 사실이 있다. MB의 대통령 당선에 가장 큰 기여(?)를 한 쪽은 지금 요직에 앉아 있는 공신들이 아니라 언론이라는 점이다"라고 하면서 "대선 때 MB에게 우호적이던 기자 상당수는 이제는 심정적으로 등을 돌리고 있다"고 하고, "언론은 본격적으로 준동하지 않고 있지만 이미 마음은 정권으로부터 떠나고 있다. 믿은 언론이라는 '인격을 가진 프레임'을 통해 국정을 평가한다. 이 대통령은 이 프레임이 지금 어떤 생각을 하는지 알아야 한다"고 하였다. 이 기사는 한 청와대 출입기자의 MB정권 감상기에 보태어 '신동아'의 기자가 쓴 것일 가능성이 있지만 MB의 대통령 당선에 가장 큰 기여를 한 쪽이 언론이라는 생각을 하는 한 언론이 이명박 대통령의 '일왕' 발언을 '국익' 차원에서 심사숙고할 수 있는 여유가 없었을 것이다. 대구한의대학교 안용복연구소가 【이명박 대통령의 독도 방문과 국내 언론의 보도 경향 분석】 기획특집의 초청장을 발송 한 이후 11월 8일, 한 통의 전화를 받았다. 특히 이명박 대통령의 '일왕' 발언으로 인해 자기가 아는 한 업체에서 일본의 수출이 75% 줄었다고 하면서 자신의 벤처기업도 그 여파를 받았다고 하고, 신주쿠 거리에도 큰 타격을 받았다고 하면서 이런 상황을 전해달라고 하였다. 올 8월에 재외한국학교 교사들과 2박 3일의 울릉도·독도 방문을 같이 한 적이 있었는데 일본에 있는 교사들도 그와 같은 지적을 하고 있다. 언론으로서도 '국익차원'에서 하여야 할 보도, 하지 않아야 할 보도를 심사숙고할 필요가 있다.

[한 청와대 출입기자의 MB정권 감상기]에는 아래의 사진을 제시하였다.

일본 문부성에서 발간한 중학교 학습지도요령 안내 책자.
일본 정부는 최근 이 책자에서 독도가 일본 고유영토라고 명기했다.

그렇지만 '학습지도요령'이 아니고 '학습지도요령해설서'에 독도가 명기되었다.

8월호 【정치】면 [한국형 우주발사체 KSLV-1 개발비화]에서도 "삼봉호는 붙박이로 독도 경비를 맡고 있으므로 KSLV-1 추적 임무를 위해서는 태평양 시리즈 가운데 한 척이 차출된다"라는 기사가 보이지만 독도는 곁가지이다.

2008년 9월호에서 【정치】면에서 [MB정부, '백성학 스파이 사건' 재규명 나섰다]에서 7월29일 부시 미국 대통령이 백악관의 자유무역협정 관련 행사장에서 이태식 주미 한국대사를 만난 자리에서, 이 대사가 미국 지명위원회의 독도 표기를 '주권미지정'에서 '한국령(領)'으로 원상회복시켜 달라고 요청하자 이를 수락한 일의 리처드 P. 롤리스 미국 국방장관 특별 보좌관이 막후 역할을 했다는 보도를 했다. 또 【정치】면에서 [군사전문 작가 김경진의 한·일 독도 전쟁 시나리오]기사를 다루고 있다. 그리고 【피플】[인터뷰]에서 〈오거돈 한국해양대 총장〉을 인터뷰하였다. 2005년 한일어업협정 체결 당시의 해양수산부 장관 출신이기 때문에 오총장을 인터뷰한 것이다. 이 인터뷰에서 해양수산부 장관 출신의 국립 해양대 총장으로서 최근 다시 불거진 독도 문제에 대한 시각을 질문하고, 해수부 장관이던 2005년 3월 "한일어업협정은 우리의 독도 영유권에 영향을 미치지 않는다"고 단언하였다는 것을 상기시키면서 질문하였는데 오총장은 "한일어업협정은 어디까지나 어업활동의 편의를 도모하기 위해 잠정적, 기능적으로 체결한 협정입니다. 영토구획과는 무관한 거예요. 중간수역이라는 것은 두 나라 어민들이 상대국의 허가 없이 조업할 수 있는 수역에 불과합니다. 만일 한일어업협정이 파기되면 우리 근해어업의 기반이 무너져 어장이 축소되고 어획량이 감소해 어민들이 큰 손실을 입게 됩니다. 바다 여기저기에서 충돌이 빚어질 게 불 보듯 하고요. 2005년 제가 정리한 해수부의 원칙을 받아들여 당시 반기문 외교장관이 국회 특위에서 '어업협정은 독도 문제와 전혀 무관하다'고 분명히 밝힌 것도 이런 현실적 문제를 고려했기 때문입니다." 라고 답한 것을 보도하였다. 또 【피플】[He·She]에서 '독도 라이더 김영빈'을 다루고 있다.

10월호의 경우 【국제】면에서 [인물연구]〈캐슬린 스티븐슨 신임 주한미국대사〉를 다루면서 "스티븐스 대사에게는 만만치 않은 도전도 기다리고 있다. 쇠고기 협상과정이나 독도에 대한 미 국무부와 지명위원회의 '주권미지정' 분류 파문 등에서 보듯이 한미 간에는 늘 긴장이 감돌고 있는 것이 사실이다"라고 하였고, 【문화생활】면 [이달의 추천도서]에서 『대한민국 걸어차기』(한승동)를 소개하면서 "독도분쟁이 동아시아 패권 게임의 바로미터"라고 소개하였다.

11월호의 경우 【정치】면 [大해부]에서 〈내우외환 '김성호 국정원'〉을 다루면서 김 원장의 '정보 과잉노출'에 대해 "금강산 피격사건, 독도 문제, 여간첩 사건 등으로 수세에 몰린 김성호 원장이 점수를 만회해보려 한 것 같다"는 평을 소개하고 있다. 【경제】면 〈이정훈 국방 전문기자의 잠실 제2롯데월드 심층진단〉에서 소제목으로 '대구기지 없이 어떻게 독도 지키나'라고 하고, "공군은 국민과 롯데를 향해 이런 식의 설명을 하고 싶어 한다"고 보도하였다. 【문화생활】면 [한국·몽골 고대사 심포지움 참관기]〈남·북·몽골 연방통일국가'가 타당한 이유〉에서 구해우 미래재단 상임이사는 직함에 걸맞게 "2008년을 '선진화체제 원년'으로 만들겠다고 선언한 이명박 정부는 출범하자마자 한미 간의 쇠고기협상 파동으로 곤욕을 치렀다. 뒤이어 금강산 총격사건, 독도문제로 북한과 일본에 연달아 강펀치를 맞은 상태다."라고 하였다. 【피플】면의 [He&She]에서 〈신임 국회도서관장 유종필〉을 다루면서 도서관장 취임 이후 포부를 묻는 질문에 "독도 관련 자료를 수집해 외국 도서관에 전파하는 일에 주력할 생각이다"라고 밝혔다면서 독도 문제를 국회도서관장이란 직책과 접목시켜 자신의 역할을 찾아낸 것이라고 평가하고 있다.

12월호의 경우 【국제】면 〈美 대선을 보는 제3의 시각〉에서 "청와대 측에 따르면 부시 대통령은 이명박 대통령이 어려움에 처했을 때 쇠고기 추가협상, 독도 표기 수정, G20 가입, 통화 스와프 체결 등 '흑기사'가 되어줬다"라는 기사가 보인다.

【사회】면 〈'5초男'이 고교 모임에 열광하는 이유〉에서 일본 오사카-고베관광을 가면서 "'독도는 우리땅 넘보지마 짜샤'라는 문구의 플래카드를 미리 만들어 가지고 갔다"는 내용이 보인다.

2008년 7월 14일, 일본 문부과학성이 중학교 사회과 '학습지도요령해설서'를 통해 한·일간 독도를 둘러싸고 영유권 주장에 차이가 있다고 기술하여 '독도'를 직접적으로 명기하고 나섰다. 그 이듬해인 2009년 12월 25일의 고등학교 '학습지도요령해설서'의 발표에 '독도' 표현은 없었으나 "중학교에서의 학습을 바탕으로"라고 기술함으로써 사실상 '독도 영유권'을 주장하였다. 2010년 문부과학성이 검정 통과시킨 초등학교 사회교과서(5학년) 5종 모두에 독도영유권이 자국에 있음을 기술하였다. 2011년 3월 30일에 검정 통과한 중학교 교과서에서 모든 지리교과서 4종과 공민 7종을 포함해 역사 1종(7종 검정 통과)에서 독도가 일본의 고유영토라고 표현하였고, 지리교과서 1종과 공민교과서 3종이 한국이 불법점거하고 있다는 기술을 하였다. 그리고 2012년 3월 27일의 고등학교 교과서 검정 통과에서도 일본의 부당한 독도 영유권 주장이 그대로 담겼다. 그렇지만 『신동아』 2009년 1월호부터 이명박 대통령이 2012년 8월 10일 전격적인 독도방문이 이루어지기 이전까지 독도의 보도는 현저히 감소되고, 정치면에서 거의 다루지 않고, 기획기사로 다루어지는 경우가 거의 없고, 제목상에도 '독도'란 단어가 들어가지 않을 정도이다. 그것을 확인하기 위해 『신동아』 2009년 1월부터 2012년 8월호까지 '보도분야별'과 제목을 열거하였다.

◎ 2009년 1월호
【사회】〈1953년 독도를 최초로 측량한 박병주 선생〉

◎ 2009년 2월호
【문화생활】[대중문화]〈실버코믹스를 아시나요?〉
【피플】[인터뷰]〈지식재산포럼 김명신 회장〉

◎ 2009년 5월호
【문화생활】[대중문화]〈21세기 사기열전⑤〉 '유협열전'

◎ 2009년 10월호
【국제】[현지밀착취재]〈'일본 최초 정권교체' 하토야마 내각 출범〉
【피플】[한국의 괴짜들②]〈일본 자위대에서 독도 논문 쓴 진석근 전 대령〉

◎ 2009년 12월호
【사설칼럼】[전진우의 세상읽기]〈4대강에 물어봤나?〉

◎ 2010년 1월호

【문화생활】[이달의 추천도서]

◎ 2010년 9월호

【피플】[해외화제]〈미국 내 한인시민운동 선구자 김동석〉

【문화생활】[이색체험]〈'집단가출' 중년 남성 14인의 요절복통 요트여행기〉

◎ 2010년 10월호

【스포츠】[골프]〈스카이72 오션(OCEAN) 코스〉

◎ 2010년 12월호

【피플】[현지 인터뷰] "북한 테러지원국 재지정해 김정일에 경고 메시지 보내야"〉

◎ 2011년 2월호

【피플】한국의 괴짜들〈익스트림 스포츠 마니아 김규만 한의사〉

◎ 2011년 3월호

【문화생활】[고승철의 읽으며 생각하기]〈이웃의 눈으로 본 한중일 삼국사〉

◎ 2011년 4월호

【사회】[허만섭 기자의 아규먼트]〈동일본 대지진과 겨울연가〉

【별책부록】[명사의 버킷 리스트]〈내 삶의 에너지 버킷 리스트〉

◎ 2011년 6월호
【피플】[HE & She]〈'실패한 스파이'에서 국가수호정책연구소장 된 백동일 전 해군대령〉
[한상진 기자의 '藝人' 탐구]〈영화배우 변희봉〉

◎ 2011년 7월호
【피플】[한국 지성에게 미래를 묻다 ①김지하]〈모심으로 가는 길〉

◎ 2011년 9월호
【정치】[인터뷰]〈"난 감방 갈 일 안했다. 총선 출마해 심판 받겠다〉
【피플】[HE & She]〈외교부 최초 여성 공보과장 유복렬〉

◎ 2011년 10월호
【정치】[전문가 기고]〈제주 해군기지는 청해진의 재건〉

◎ 2011년 11월호
【피플】[한국지성에게 미래를 묻다⑤]〈大學問國의 꿈과 지식의 統攝〉

◎ 2012년 1월호
【사회】[뉴 다큐/잃어버린 근대를 찾아서]〈종로 네거리에서 해가 저물고 스커트 짧아져 에로 각선미〉

【스포츠】[골프] 〈아크로CC〉

◎ 2012년 3월호
【경제】[인터뷰] 〈"시 쓰는 마음으로 자연 닮은 휴머니즘 건축물 만드는 게 꿈"〉
【피플】[인터뷰] 〈"개성 만월대 발굴로 남북 관계 개선의 물꼬 트겠다"〉

◎ 2012년 4월호
【피플】[HE & She] 〈전 세계에 독도 알리고 온 대학생 독도레이서〉
[인터뷰] 〈"팔라우 해역 다이빙 할때보다 차갑고 어두운 통영 바다 탐사할 때 더 가슴이 뛴다"〉
【사회】[새연재/이기동 교수의 新經筵] 〈고고한 鵁鶄의 기상은 어디로 갔을까?"〉

◎ 2012년 5월호
【정보과학】[인터뷰] 〈"역사지진 재계산하면 7.0정도…수도권 수십만 사망, 동해안 폐허"〉

◎ 2012년 7월호
【권말부록】[차기 대통령에게 바란다] 〈"바다를 사랑하고 이해하는 분"〉

◎ 2012년 8월호

【문화생활】[미디어 비평] 〈한국인의 집단 정체성〉

이명박 대통령이 취임한 첫 해인 2008년의 경우 10달 가운데 독도에 관한 언급이 없는 경우가 5월 한달이지만 2009년의 경우 7개월, 2010년의 경우 8개월, 2011년의 경우 4개월에 독도에 관한 언급이 없다. 2012년의 경우 8개월 가운데 2개월이 독도에 관한 언급이 없다. 또 '정치'와 '국제'면의 기사가 줄어들고 '문화생활'과 '피플'에서 주로 독도를 언급하면서, 특히 '인터뷰' 기사에서 곁가지쳐 독도가 언급되는 경우가 많다. 그것을 감안하면 앞 장에서 김신호가 언급한 "정치나 문화면의 의미가 더 크게 부각되면서 깊이 있게 다루어져 사회면의 요소가 희석되어진다"고 한 견해는 재고할 필요가 있다고 생각된다. 한국과 일본 사이에 매년 3월 말에 일본의 문부과학성이 초, 중, 고등학교 교과서 검정 통과의 결과를 발표하면서 일본의 교과서에 독도는 일본의 고유영토이고, 한국이 불법점거하고 있다는 교재 내용이 연일 일간지에서 다루고 있지만 월간지의 경우 그런 보도가 거의 없다. 특히 독도 교육에 관한 기사는 없다.

또 이 시기의 보도 내용을 보면 〈1953년 독도를 최초로 측량한 박병주 선생〉(2009.1)과 (〈일본 자위대에서 독도 논문 쓴 진석근 전 대령〉(2009.10)) 〈전 세계에 독도 알리고 온 대학생 독도레이서〉(2012. 4) 3건이 제목에서 '독도'를 표출하고 있으며, 종합적이고, 전문적 보도 내용일 뿐이다. 민주당 하토야마 내각이 출범하면서 독도와 과거사에 대한 해빛무드를 전망하는 경우가 많은 것을 반영하여『신동아』 2009년 10월호의 경우 【국제】면에서 [현지밀착취재] 〈'일본 최초 정권교체' 하토야마 내각 출범〉과 [해외 이슈] 〈인간 하토야마 유키오 '일본총리' 연구〉를 다루고 있고, 【피플】[한국의 괴짜들②] 〈일본 자위대에서 독도 논문 쓴 진석근 전 대령〉을 보도하고 있다. 〈'일본 최초 정권교체' 하토야마 내각 출범〉의 보도에서

> 한일 관계가 금세 좋아지길 기대하는 것은 우물에서 숭늉 찾는 격이다. 독도 문제는 언제든 불씨가 될 수도 있다. 독도 문제는 언제든 불씨가 될 수도 있다. 세계 어느 나라나 마찬가지로 영토 문제는 여야와 이념을 떠나 융통성을 발휘하기 어려운 문제다. 일본 민주당도 마찬가지다. 그 외의 문제에서도 목소리 큰 우익의 눈치도 봐야 하고, 당장 내년 여름 참의원 선거를 의식한다면 괜한 논란을 부를 수 있는 일은 하지 않을 것이다. 그렇다면 한일 관계는 우리 쪽에서 성급한 기대를 갖고 민주당 정권을 재촉하기보다는 저쪽이 먼저 다가오길 느긋하게 기다리는 편이 낫다.

라고 하여 기대감을 표하면서도 '독도 문제'로 인해 어려운 국면으로 들어갈 수 있다면서 경계하고 있다. 〈인간 하토야마 유키오 '일본총리' 연구〉의 경우

> 2006년 교과서 문제, 독도 문제로 한일셔틀외교가 중단됐다. 한일 관계는 살얼음판이었다. 하토야마 총리는 5월4일 서울을 방문해 한명숙 당시 국무총리를 만나 "모든 영토문제는 근본적으로 역사로부터 시작한다. 일본은 역사적 사실을 보다 정확하게 이해하는 노력이 필요하다"고 역설했다.

고 하여 기대감을 표하고 있다. 그런 기대감이 반영되어 〈일본 자위대에서 독도 논문 쓴 진석근 전 대령〉을 소개하고 있다. 그 외 시사적이고 전문적인 기사가 거의 보이지 않는다.

4. 이명박 대통령 독도 방문 이후의 월간지의 독도 내용 보도 경향

2012년 8월 10일, 헌정사상 최초로 대통령이 독도를 방문하였다. 앞에서 언급했듯이 이명박 대통령의 독도 방문은 일본 정부가 위안부 문제에 대해 진지하지 못했기 때문이라고 한다. 이명박 대통령의 독도 방문과 뒤이은 '일왕의 과거사 사과 요구 발언' 등이 이어지면서 한국과 일본의 정국을 경색시켰고, 지금까지도 해소되지 않고 있다. 이명박 대통령의 독도 방문에 대한 국내 월간지의 보도내용 분석을 하고자 한다.

『신동아』의 경우 10월호에서 【국제】면을 통해 [특별기고] 〈일본 유화 제스처는 제국군대 부활을 위한 꼼수〉와 [여론이 궁금하다] 〈한일관계 악화 '일본 책임 더 크다' 72.2% 일본 외교마찰 '더 강한 대응' 주문〉을 보도하였고, 【정치】면을 통해 〈'곁가지' 김정은의 콤플렉스〉, 【사회】면을 통해 〈"해양시대, 바다 주권 수호하는 역동적인 국가기관으로 육성해야"〉를 다루었다. 11월호에서도 【국제】면을 통해 〈21세기 淸-日 전쟁 치닫나〉, [미디어 비평]에서 〈댓글 번역이 韓中日 감정충돌 조장〉, 【사회】면을 통해 〈"일본군은 거리에서 마구잡이로 여성을 체포해 위안소에 넣었다")를 다루었고, [세계 지도자와 술]에서 〈전쟁에는 져도 술 元祖 전쟁에는 질 수 없다〉를 보도하였다.

이후에서는 독도관련 보도가 현저히 줄어든다. 그것은 대선과 박근혜 대통령의 당선으로 후순위에 밀려났다. 12월호의 경우【피플】에서 [He & She]를 통해 〈'살아야하는 이유' 에세이 퍼낸 강상중 도쿄대 교수〉를 다루면서 '독도'는 곁가지쳐 다루었을 뿐이다. 2013년 1월호의 경우【정치】면에서 신년호 대선특집/박근혜 당선인의 대북·대외정책]을 통해 〈도발엔 단호 대처 대화·협력은 이어갈 듯〉을 다루었을 뿐이다. 2월호에서는【정치】면에서 [인터뷰]를 통해 〈"20대 33.7% 朴 지지한 것 기적…청년공약 반드시 실현"〉,【경제】면에서 [업계 화제]를 통해 〈민족 靈山 '생수 전쟁'〉,【사회】면에서 [기고]를 통해 〈질풍노도의 격동시대 뚫고 거울 앞에 서다〉 등을 다루면서 독도가 主에서 從으로 밀려났다. 2013년 3월호의 경우 [He & She]에서 〈독도 관련 일본 고문서 '죽도기사' 편역 권오엽·권정 부녀〉와【사회】면에서 [철저 분석]을 통해 〈역사 다큐 '백년전쟁'의 이승만 죽이기〉를 다루면서 독도와 관련된 평화선을 언급하고 있다.

『월간조선』경우 2012년 9월호에서 〈일본의 '左'와 '右'〉를 다루었고, 10월에서 〈일본의 前 육상자위대 간부가 밝힌 獨島 점령 시나리오〉와 〈일본에 선보일 중국 문화재들〉에서 독도를 거론하였다. 11월의 경우 〈정치전문가 10명의 大選 10문 10답〉과 〈6·15와 10·4 선언을 매개로 한 김정일-김대중-노무현이 '逆謀' 추적〉,〈4050이 이끄는 韓·中·日-일본〉·〈4050이 이끄는 韓·中·日-한국〉,〈윤동주 프로젝트 1·2(유광수 저)〉,〈다케시마(竹島)에는 대나무가 없다〉 등을 다루면서 독도를 거론하고 있다. 12월호의 경우 〈韓日통화스와프 중단은 잘못됐다〉, 〈美 전략국제문제연구소(CSIS) 부소장 마이클 그린〉, 〈대한민국 대표문학상 수상 작가를 찾아서 ④ 李文烈〉, 〈인터뷰-한국원격대학협의회 박영규 회장〉에서 독도를 다루었다. 2013년 1월호의 경우 〈광개토왕비 탑본 공개한 金惠靜 혜정박물관장〉, 〈안철수 캠프 65일간의 기록〉, 〈동해/일본해 관련 모든 명칭의 배경과 그 지명학적 지위〉에서 독도를 거론하고 있다. 2월호의 경우 〈워싱턴에서 보는 美日관계〉만이 있다. 3월호의 경우 〈일본의 保守정치에 대한 異色분석〉과 〈잃어버린 우리 땅 녹둔도〉에서 독도를 다루고 있다. 『월간조선』의 경우 이명박 대통령의 독도 방문을 직접적으로 거론하지 않고 〈일본의 前 육상자위대 간부가 밝힌 獨島 점령 시나리오〉에서 "일본 열도는 이명박(李明博) 대통령의 독도 방문에 대해, 생채기에 소금을 뿌린 것 같이 과민반응을 보이고 있다"고 하면서 김성만(金成萬) 전 해군작전사령관(예비역 해군중장)의 인터뷰를 통해 "일본은 독도 문제를 유엔 안보리로 가져가기 위해 무력도발을 유도할 가능성이 크다"고 하여 일본의 독도 점령 시나리오를 직접적으로 다루고 있다.

『월간중앙』의 경우 2012년 8월 10일 이명박 대통령이 독도를 방문한 직후 9월호에서 〈MB 독도 깜짝 방문 무엇을 노렸나〉를 싣고, 〈"후보 되면 안철수 원장과 단일화 반드시 한다"〉라는 문재인 대선 후보 기사를 실으면서 이명박 대통령의 독도 방문에 대한 질문을 던지고 있다. 또 〈준비하고 기다리는 德將 리더십〉에서 축구 홍명보 감독을 다루면서 '독도 사건'으로 더 유명해진 박종우를 통해 홍명

보에 관한 일화를 소개하고 있다.

〈독도 깜짝 방문 무엇을 노렸나〉를 제목으로 뽑고 "대일외교 마지막 카드 써버린 돌출행위 VS 변화하는 국제정세에 조응하는 국익 행보라는 상반된 해석…참여정부 시절에도 양국 관계 크게 틀어졌지만 방문객과 교역량은 오히려 늘어나"라고 하여 소개하고 있다. 첫 구절은 "이명박 대통령이 광복절 닷새를 앞두고 독도를 전격 방문했다. 한 걸음 더 나아가 일왕 사과 요구, 위안부문제 해결 촉구 등 한·일관계의 급소를 찔렀다. 대(對)일본 '조용한 외교' 정책기조에 근본적 변화가 일어났을까?"라고 시작하고 있다. 이명박 대통령이 취임 초, 미래지향적 한·일 관계 구축을 강조하던 이명박 대통령을 연상하면서 서두를 이렇게 장식한 것이라고 보여진다. 그러면서 구대열의 인터뷰를 다음과 같이 언급하면서

> 전쟁을 지휘하는 지도자는 나라를 막다른 골목으로 몰고 가서는 안 됩니다. 이게 안 되면 다음 카드가 있어야 하는 것이죠." 그는 "독도 방문도 좀 의외"라면서 "역대 대통령이 못해서 안 한 게 아닌데…"라며 말끝을 흐렸다.

'대일외교 마지막 카드 써버린 돌출행위'라고 은연중 평가하면서 '전략적 고려에 대한 궁금점 확산'이라는 소제목을 달고 최영섭(예비역해군 대령 최영섭 한국해양소년단연맹 고문)의 "개인 이명박이 아니고 대통령이 간 거잖아요? 이 시점에서 그런 빅카드를 써야 하는가 하는 마음이 들더라고요."하는 인터뷰를 언급하고 있다. 또 "이 대통령

은 2008년 방일 기간 중 아키히토 일왕을 만나면서 고개를 거듭 숙여 인사했다. 내내 고개를 꼿꼿하게 세운 일왕과 대비되면서 '저자세 외교' 논란을 불러오기도 했었다. 그래서인지 참여정부 시절 대통령 통일·외교·안보전략비서관을 지낸 박선원(국제정치학) 박사는 이대통령의 독도 방문을 "지극히 정치적 목적에서 계획한 일종의 깜짝쇼"라고 단언하면서 "한국이 가진 대일외교의 가장 강력한 카드를 너무도 가볍게 써버렸다"고 비판했다라는 인터뷰를 소개하고 있다. 또 일본의 한반도 문제 전문가인 이즈미 하지메(伊豆見元) 시즈오카 현립대 교수가 한·일관계가 당분간 회복되기 힘든 암흑기에 접어든다고 예상했다는 기사를 싣고 있다.

> 그는 "내년 2월 한국에서 새 정부가 들어서더라도 양국관계는 복원되기 어려울 것"이라고 했다. 이즈미 교수는 일본이 보는 한·일관계에는 일정한 사이클이 있다고 말했다. 이를테면 역대 한국정부는 출범 초기에는 미래지향적인 한·일관계를 표방하다가도 임기말로 갈수록 대일 강경노선으로 돌아서곤 했다.
> 이렇게 악화된 양국 관계는 한국에 새 정부가 들어설 즈음 바닥을 치고 다시 복원되는 일을 되풀이해왔다고 말했다. "이는 노태우 정부에서부터 김영삼·김대중·노무현·이명박 정부에 이르기까지 동일하게 나타난 현상"이라고 이즈미 교수는 주장했다.

이즈미는 "한국의 차기 정부가 들어서더라도 한·일관계가 예전처럼 순환사이클을 타듯이 회복될 가능성은 희박하다. 독도 방문, 일왕 사과 요구, 과거사 처리 등을 놓고 양국 정부가 정면충돌한 데다

아주 민감한 시점에 이 모든 일이 불거진 것도 악재라고 했다. "이 대통령이 독도를 방문한 시기가 공교롭다. 8·15 광복절을 앞두고 독도를 방문함으로써 차기 대통령도 그 짐을 고스란히 안게 됐다. 예를 들어 2013년 8월 광복절을 앞두고 한국에서 대통령의 독도 방문을 압박하는 기류가 형성될 수도 있다."고 하여 차기 정부에서도 전향적 한·일 관계 모색에 나서기 싫지 않다고 하였다. 『월간중앙』의 경우 이대통령의 독도 방문 평가의 긍정적 측면을 보도하고 있지만 '변화하는 국제정세에 조응하는 국익 행보'라기 보다는 '대일외교 마지막 카드 써버린 돌출행위'라고 평가하고 있다. 그래서 문재인 인터뷰에서 이명박 대통령의 독도 방문 질문을 하면서 "이 대통령이 왜 이 시기에 그런 깜짝 이벤트 식으로 독도를 갔는지 잘 이해되지 않습니다. 독도 문제에 대해 이제는 보다 단호한 의지를 가져야 한다고는 생각하지만 그것은 우리의 자세 문제죠. 독도를 현직 대통령이 직접 방문한다는 것은 우리가 쓸 수 있는 어쩌면 가장 강력한, 마지막 카드입니다. 지금 독도 문제가 엄중한 상황이 된 것도 아닌데 그 카드를 쓴 것을 저로서는 동의하기 어렵습니다."라는 문재인의 답변을 이끌어내고 있다. 10월호에서 〈MB, 레임덕은 없다?〉를 통해 "이 대통령은 8월 10일 독도 방문이라는 빅 이벤트를 선보이며 주목받았다. 친형인 이상득 전 새누리당 의원과 최시중 전 방송통신위원장, 박영준 전 지식경제부 차관 등 측근들의 줄구속으로 레임덕 현상을 맞은 대통령의 깜짝 부활이었다."라고 하면서 국면 전환용으로 독도 방문을 언급하고 있다. 또 〈박근혜 대세론 역사 질곡에 빠졌나〉를 통해 이명박 대통령의 독도방문에 대한 언급은 없지만 "독도

폭파 발언 공방도 박 후보에 악재였다"라는 기사를 다루었다.

10월호에 〈'독도는 한국땅' 주장하는 호사카 유지 세종대 교수〉 기사를 싣고, [박수영의 우리가 몰랐던 근대한국⑩]에서 〈비열하고 무자비한 군국주의 일본〉을 실은 것도 이명박 대통령에 관한 언급은 없지만 이명박 대통령의 독도방문으로 인해 많은 기사를 실은 것으로 보여진다. 〈驪江이 휘감아 도는 기름진 들, 8명의 국모를 낳아 기른 땅〉에서 작가 엄광용이 여주에 관한 기사를 쓰면서 '명성황후 시해사건'을 다루면서 "작금의 현실을 되돌아보면 일본의 음모는 1945년 해방과 함께 끝나지 않았음을 알 수 있다. 일본 노다 요시히코(野田佳彦) 총리의 독도 강경발언 속에도 그 음모는 도사리고 있다. 내가 아직도 명성황후의 죽음을 현재진행형이라고 고집하는 것은 바로 그러한 이유에서다. 이러한 일련의 생각이 내 뇌리에서 연상 작용을 일으키자 울컥하고 분노의 감정을 치솟는 것을 어쩌지 못했다."라고 한 것은 MB의 독도방문과 일왕의 과거사 사과문제를 연상시킨 것이라고 보면 된다. 〈비열하고 무자비한 군국주의 일본〉을 통해

> 일본은 오늘날까지도 독도를 포기하지 못하고 있다. 일본에겐 아직도 제국주의적 근성이 남아 있는 것이다. 1910년, 한일합방 소식을 듣고 자결한 재야 지식인 황현이 쓴 〈매천야록〉을 보면, "(독도는) 예전에 울릉도에 속했는데 왜놈들이 자기 영토라고 우기며 살펴보고 갔다"며 탄식한 부분이 있다. 그때가 1906년 4월이었으니, 일본은 1905년 11월 을사늑약으로 한국 정부를 허수아비로 만들어 놓고 난 이후 본격적으로 독도에 눈독을 들였음을 알 수 있다.

라고 하면서 "섬뜩하고도 지긋지긋한 일본의 망령이 아직도 한반도를 배회하고 있다"고 하면서 논리를 전개하고 있는 것도 의도적 언급이다.

그렇지만 11월호에는 독도 관련기사가 보이지 않고, 12월호에 〈"나는 시대와 불화한 '강대국병' 환자"〉를 다루고 있다. 부제로서 '독도 주변 자원 한·일 공유론 파문으로 물러난 김태우 전 통일연구원장'으로 하여 전 통일연구원장 김태우를 인터뷰한 기사를 싣고 있다. 그 기사에서 "이번 정부에서는 독도 관련 기고문으로 시비의 도마에 올랐다. 이를 두고 '소신발언'과 '무개념발언'이란 평가가 엇갈린다"고 하면서 독도 관련 기고문에 관한 다음과 같은 그의 주장을 싣고 있다.

이명박 대통령의 독도 방문으로 촉발된 한·일 간 외교분쟁이 한창이던 8월 23일, 그는 통일연구원 홈페이지에 〈한일 외교전쟁 조속히 매듭지어야〉라는 제목의 글을 올렸다. 김 전 원장은 이 글에서 일본을 "징그러울 정도로 몰염치한 나라"이지만 "가까운 이웃이자, 체제적 가치를 공유하는 우방"이라고 평가했다. 그는 또한 일본을 "미래를 함께 열어가야 할 동반자"임을 전제하며 "양국 모두에게 손실을 가져다주는 '보복-재보복'의 악순환을 끊고 관계 정상화를 위한 숨 고르기에 들어가야 한다"고 주장했다.

김 전 원장은 거기서 한 발 더 나아가 "일본이 독도 육지와 인접 영해에 대한 한국 영유권을 인정하는 대신 주변 해양 및 해저자원을 양국이 공유해야 한다"는 돌출적인 제안을 했다. 하지만 그의 주장은 독도 주변 수역의 한·일 공유론 내지는 독도영유권 공동소유론으로 해석됐고, 국정감사장에서 야당 의원이 공격하는 구실을 제공했다. 비난여론이 확산되면서 그는 10월 19일 결국 사표를 냈고, 이틀 뒤 사표가 수리됐다.

그리고 '소신발언이냐, 무개념 발언이냐'의 소제목에서 다음과 같은 내용이 들어 있다.

홈페이지에 올린 글은 어떤 생각으로 올렸나? 파장을 예상하기는 했나?
"글을 올리기 전에 연구원 내부에서도 박사 3인이 검토했다. 그들도 이런 사태를 감지하지 못했다. 사전에 염려한 게 있다면 기관장이 직접 글을 올려서 모양새가 어떨지 걱정하는 정도였다. 결국은 정부를 돕자는 취지에서 낸 것이다. 야당 의원들이 시비를 걸어왔지만 그분들도 이 글의 대부분이 일본을 질타한 내용임을 잘 안다." 글에 담으려고 했던 내용의 요지는 무엇인가?
"크게 세 가지였다. 첫째는 일본은 나쁜 놈이다. 둘째는 지금이라도 군국주의 잔재를 떨치고, 과거사를 사죄하고, 성노예를 배상하면서 정신을 차려라. 셋째는 그렇게만 한다면 우리도 당신들과 (독도 관련 문제를) 조정할 필요가 있다는 것이다. 양국이 서로 척지면서 사는 것은 모두에게 도움이 안 된다.
일본이 독도 영유권을 인정하고, 주변 영해까지 인정하는 조치를 취한다면 우리도 자원을 공동 개발할 수 있다. 말하자면 체면을 세워주겠다는 제안이었다. 독도 문제를 종결 지을 수 있는 방안으로 제시했다. 이것으로 딴죽을 거는 것은 학문적으로는 어불성설이다. 독도자원 공동개발 부분만 따로 떼내 이슈화하면서 엉뚱한 논란으로 번졌다.
김대중 정부 시절인 1998년 체결된 신한일어업협정은 독도를 우리 어업수역이 아닌 한·일 양국의 '중간수역(잠정수역)'에 지명이 아닌

좌표로만 표기해놓았다. 이에 따라 일본은 독도 인근 해역에서 조업이 가능하게됐다. 그런데도 한국의 독도 영유권을 인정하지 않으려 든다. 내가 쓴 글의 요지는 신한일어업협정 연장선에서 지금처럼 조업을 같이하면서 독도를 한국 땅으로 인정하라는 것이었다."

김태우의 위와 같은 주장은 일본에서 제기된 주장이다. 일본에서 독도를 한국영토로 인정하고, 공동개발을 하자는 제의가 몇 번 제기된 적이 있었다. 『월간중앙』 2013년 6월호에 〈긴급 인터뷰-"아베 총리, 침략전쟁 부인하면 중도 퇴진하게 될 것"〉 기사를 통해 '일본의 양심' 와다 하루키(和田春樹) 도쿄대 명예교수를 인터뷰한 기사를 싣고 있다. 그 기사에서

> 그는 근작인 〈동북아시아 영토문제, 어떻게 해결할 것인가〉에서도 "일본은 한국이 실효지배 하는 독도에 대한 주권 주장을 단념하는 것밖에는 다른 길이 없다"고 전제하면서 "대신 한국은 독도 주변해역 공동이용권을 보장해줌으로써 쌍방 이익이 되는 쪽으로 타협하라"고 조언했다. 와다 교수는 이처럼 실타래마냥 꼬인 영토문제를 현실주의에 입각해 푸는 구체적인 방법론을 모색하고자 했다.

이와 연관시켜 보면 『월간중앙』에서 '독도 주변 자원 한·일 공유론'을 주장한 김태우를 섭외하면서 '무개념발언' 보다는 '소신발언'이라고 생각해 인터뷰했을까라는 의문이 든다.

또 일본 프로야구에서 활약하고 있는 이대호를 인터뷰한 기사에서 "문득 지난 8월 이명박 대통령의 독도 방문으로 경색된 한일관계

가 떠올랐다. 당시 일본의 극우단체들은 '한인을 내쫓자'며 한인타운에서 가두시위를 벌이는 등 일본 내 반한 감정이 극에 달했었다. 혹시 팀 동료나 팬들과의 갈등은 없었을까?"를 생각하여 "한일 간 독도분쟁 때 경기에서나 생활에서 아무런 변화가 없었나?"를 물었다. 이대호의 답변은 이렇다.

"그런 거 없었다. 일본인들은 정치에 관심이 없다는 느낌을 받았다. 정치하는 분들만 관심을 갖지 않았겠나.(웃음) 실제 야구선수들 가운데서도 독도가 어디에 있는지도 모르는 선수가 많다. 나는 야구선수다. 야구만 하면 된다. 팀을 위해 좋은 성적을 내는 게 내가 할 일이고 소속팀과 선수, 팬들을 위하는 일이다."

『월간중앙』의 입장에서 2012년 12월의 시점에서 김태우와 이대호를 인터뷰하면서 한일 양국 사이에서 '독도논쟁'의 봉합을 원하지 않았을까? 2013년 1월호에서 권철현 전주일대사를 인터뷰한 것도 같은 맥락이다. 2013년 1월호에서 〈"통일시대 준비해야 축복의 통일 이룰 것"〉이란 기사에서 권철현 전 주일대사의 인터뷰를 다루고 있다. 그 기사에서 주일대사 재임기간에 조선왕실의궤 환수와 독도의 외교 쟁점화 방지, 한일 통화스와프 협정 체결 등 국익에 직결되는 현안을 무난하게 처리했다고 평가하고 있다.

'예민한 부분부터 먼저 해결해야 한다. 그게 안 되면 다른 건 다 필요없다'는 식의 사고가 가장 위험하다. 예컨대 독도 문제가 해결되지 않는 한 다른 분야의 협력은 무의미하다는 식의 사고 말이다. 해결이 어려운 문제는 뒤로 돌려놓고 가능한 것부터 처리해가면 신뢰를 회복할 수 있다. 서둘러서도 안 된다. 중국이 부상하는 동아시아에서 한·일 양국의 협력은 필연이다."

권 이사장은 독도 문제와 관련된 한·일외교에 대해 새로운 접근이 필요하다고 했다. 일본의 자극적인 발언에 민감하게 반응할 필요가 없다는 것이다. 그는 "일각에서는 대통령의 독도방문 등을 요구하는 단체도 있지만, 이 역시 정치 쟁점화하려는 일본 보수세력에 반발의 빌미를 제공할 뿐이다"고 말했다.

그러나 그는 우리나라 외교부가 사용하는 '실효적 지배 강화'라는 단어를 '영토 주권 강화'로 반드시 바꿔 사용해야 한다고 밝혔다. "울릉도, 거제도에 대해 실효적 지배라는 단어를 사용하나? 실효적 지배라는 단어가 주는 의미는 내 것인지 네 것인지 확실히 모를 때 사용한다. 독도는 우리땅이다. '영토 주권 강화'가 맞는 표현이다."

2008년 4월 18일, 주일대사 부임 당시 도쿄에서 일본 특파원들을 만나 "이명박 대통령으로부터 과거에 속박되지도, 작은 것에 집착하지도 말라는 당부를 받았다. 낡은 과제이면서도 일본과의 현안인 독도 영유권 문제나 역사왜곡 문제는 다소 일본 측에서 도발하는 경우가 있더라도 호주머니에 넣고 드러내지 않는 것이 국익을 위해 좋다."고 한 기조가 인터뷰에서 바뀌지 않다고 생각된다.

5. 맺음말

흔히들 시작과 끝을 강조한다. 또 '일관성'을 강조한다. 이명박 대통령의 '독도'에 대한 정책은 처음과 끝이 다르고, 일관성이 없다. 그런 점에서 임기 말에 전격적인 독도방문이 이루어졌고, 돌발적으로 '일왕' 발언이 나와 일본과의 파국에 들어섰다. 그에 대한 해법을 풀지 못하고 이명박 대통령은 물러났다. 일본 외무성 홈페이지에 죽도 홍보 팸플릿이 게시되고, 또 일본 문부과학성이 '학습지도요령'과 '학습지도요령해설서'에 독도 명기를 저울질할 때 이명박 대통령이 '독도 방문'을 흘리면서 그 외교카드를 빼들었다면 일본 정치인들의 독도망언과 외무성과 문부과학성의 독도에 대한 대내외적 홍보와 적극적 현장교육이 수그러졌을 것이다. 앞에서 언급한 바와 같이 일본의 이즈미 교수는 일본이 보는 한·일관계에는 일정한 사이클이 있다고 말했다. 이를테면 역대 한국정부는 출범 초기에는 미래지향적인 한·일관계를 표방하다가도 임기말로 갈수록 대일 강경노선으로 돌아서곤 했다고 하면서 이명박 대통령의 독도방문을 그 사이클로 뭉뚱그려 언급하고 있는 기사를 보면서 대통령의 독도방문 카드를 성급하게 던져버린 것에 대한 독자의 시각이 강해졌던 것 같았다. 이명박 대통령이 취임하고 난 직후 일본 외무성과 문부과학성의 도발이 있었을 때 그 카드를 꺼내들고 난 이후 '結者解之'를 했으면 좋다고 여겨진다.

이명박 대통령은 독도 방문에 대해서는 "내가 2~3년 전부터 생각한 것"이라면서 "즉흥적으로 한 게 아니라 깊은 배려와 이런 부작용 등을 검토했다"고 설명했다.[2] 그것은 임기초에 미래지향적 한일 관계를 모토로 내세우면서 '과거사 문제'나 '독도문제'는 가급적 언급하

---

2 『뉴스메이커』 2009.9 〈한일 외교 갈등 극으로 치닫니〉

지 않겠다는 생각 때문에 '독도괴담' 등에 시달리면서 국면전환용으로 독도 방문을 하겠다는 인식을 한 것 같다. 2012년 8월 10일 이명박 대통령의 독도 방문에 대해 이 직후 『월간조선』과 『신동아』, 『월간중앙』의 경우 국면전환용으로 해석하고, 아예 이명박 대통령의 독도 방문을 主로 다루지 않으면서 從으로 언급한 것은 그러한 이유 때문일 것이다.

김신호 : 현재 대구한의대학교 경찰행정학과 교수로 재직 중이며, 도시 및 지역계획학 · 정책학을 연구하고 있다. 최근 논문으로「싱가포르의 경제특구 활용을 통해 본 한국의 경제자유구역사업」(2013),「경제자유구역사업의 효율적인 개발 사업을 위한 제언」(2013),「싱가포르의 생존 원리와 경제정책」(2013),「우리나라 2011년도 언론분야 독도 주제 연구의 현황과 과제」(2012) 등이 있다.

김병우 : 현재 대구한의대학교 교양과정학부 교수로 재직 중이며, 19세기 정치사를 연구하고 있다. 최근 논문으로는「안용복연구현황과 과제」(2011),「신라 및 고려시대 울릉도와 독도의 인식과 경영」(2012),「경주 최부자 가문의 양택을 통해 본 풍수인식에 관한 연구」(2013) 등이 있다.

김성은 : 현재 대구한의대학교 교양과정학부 교수로 재직 중이며, 한국 근대여성과 여성사를 연구하고 있다. 최근 논문으로는「1930년대 황애덕의 농촌사업과 여성운동」(2011),「1920~30년대 미국유학 여성지식인의 현실인식과 사회활동」(2012),「1930년대 임영신의 여성교육관과 중앙보육학교」(2012) 등이 있다.

김 영 : 현재 대구한의대학교 일본어과 교수로 재직 중이며, 비교문화학을 연구하고 있다. 최근 논문으로는「한일 시가문학의 연구-시조와 와카의 정전화 양상 고찰」(2011),「헤이안 초기 문학에 나타난 여성의 성애관 고찰」(2010) 등이 있다.

김호동 : 현재 영남대학교 독도연구소 연구교수로 재직 중이며, 고려시대사와 독도를 연구하고 있다. 최근 논문으로는「조선시대-개항기까지의 울릉도 · 독도에 대한 정부의 인식과 정책」(2012),「울릉도와 독도로 건너간 사람들」(2012),「한국 고지도가 증명하는 독도 영유권」(2013) 등이 있다.

대구한의대학교
안용복연구소 학술총서 3

이명박 대통령의
독도방문과 언론의 보도 경향

2014년 04월 11일 초판 1쇄 발행

저　자 ‖ 김신호 · 김병우 · 김성은 · 김 영 · 김호동
펴낸이 ‖ 대구한의대학교 안용복연구소
표지디자인 ‖ 유선주 디자이너
펴낸곳 ‖ 도서출판 지성인
주　소 ‖ 서울 영등포구 여의도동 11-11 한서빌딩 1209호
메　일 ‖ Jsin2011@naver.com
연락주실 곳 ‖ T) 02-761-5925　F) 02-6747-1612
ISBN ‖ 978-89-97631-27-8　93910

정가 20,000 원

잘못 만들어진 책은 본사나 구입하신 곳에서 교환하여 드립니다.
이 책은 저작권법에 의해 보호를 받는 도서이오니 일부 또는 전부의 무단 복제를 금합니다.